Auf der Suche nach Einsteins Feldtheorie

Neue Antworten auf offene Fragen der Relativitätstheorie

Victor Kantorowicz

Der Autor, Jahrgang 1962, studierte Physik und Philosophie in Dresden und Berlin. Anschließend arbeitete er an unterschiedlichsten Forschungsthemen. Seine Untersuchungen von Kristallstrukturen ließen ihn immer tiefer in das Wesen von Gravitation und Licht eindringen. Die entscheidenden Gedanken zur Lösung der Widersprüche der Relativitätstheorie kamen ihm jedoch erst im Januar 2005.
Das hier vorgelegte Buch stellt daher eine erste Skizzierung seiner Zwei-Felder-Theorie zur Diskussion.

Auf der Suche nach Einsteins Feldtheorie

Neue Antworten auf offene Fragen der Relativitätstheorie

Victor Kantorowicz

Einsteinjahr 2005

Bibliografische Information Der Deutschen Bibliothek:
Die Deutsche Bibliothek verzeichnet diese Publikation in der Deutschen Nationalbibliografie;
detaillierte bibliografische Daten sind im Internet über <http://dnd.ddb.de> abrufbar.

© 2005 Victor Kantorowicz
Herstellung und Verlag: Books on Demand GmbH, Norderstedt
Satz und Gestaltung: webtextur, Berlin
Grafik: Victor Kantorowicz
ISBN: 3-8334-3488-0
Schutzgebühr: 12,90 Euro

Inhaltsverzeichnis

Einleitung — 8

I. Teil — Offene Fragen — 11
Geschichte einer Theorie und Genese eines Widerspruchs

1. Eine unheimliche Theorie — 13
   Physik ohne Kausalität? Veränderung ohne Krafteinwirkung?
2. Ein Lichtstrahl wird Kronzeuge — 16
   Licht bekommt Gewicht
3. Der Lichtäther — 19
   Sein oder Nichtsein?
4. Die Ätherfalle — 22
   Suche nach dem Ätherwind
5. Ein Prinzip wird errichtet — 27
   Die Konstanz der Lichtgeschwindigkeit, der letzte feste Punkt im Universum
6. Der Einstein-Äther — 32
   Äther ohne Eigenschaften
7. Bizarre Welten — 36
   Die Geometrie übernimmt die Herrschaft
8. Magische Geometrie — 38
   Geheime Raum-Zeiten und unerklärliche Dimensionen
9. Zeitschleifen und Schleichwege — 48
   Die Geometrie des schlaffen Zeit-Raumes
10. Raumkrümmungen — 52
    Die Geometrie des starren Wirk-Raumes
11. Massezunahme oder Gewichtssorgen — 55
    Das Wesen der schweren und trägen Masse

II. Teil — Neue Antworten — 61
Vorschläge zur Lösung der Widersprüche und Grundgedanken zur Zwei-Felder-Theorie

12. Gravitation — Welle und Feld — 63
    Der blinde Fleck oder das fehlende Bindeglied zwischen den Phänomenen

13. Gravitationsäther, Einheit von Raum und Kraft   68
    Die selbstinduktive Bewegung

14. Feldversuche   72
    Die Suche nach der „Bugwelle" als Nachweis der gravitativen Selbstinduktion

15. Das Wesen Zeit   76
    Ein Maß für Veränderung

16. Uhrzeit und Zeittakt   80
    Das Messen der Veränderung durch die Veränderung

17. Bewegungsmuster   83
    Flugzeug oder Satellit – Gemeinsamkeiten und Unterschiede

18. Himmelsmechanik   88
    Die Ordnung der Inertialsysteme

19. Was ist Licht?   96
    Photonen – Botengänger der Masseteilchen

20. Die Struktur der Materie   103
    Photonen – Hefe im Masseteig

21. Leben und Sterben der Sterne   115
    Entmischung von Masse und Photonen

22. Das Universum sieht rot   123
    Gravitationszunahme als Ursache der Rotverschiebung

23. Tod und Geburt des Universums   129
    Keine Geschichte des Urknalls

24. Felderkampf und Theorienstreit   137
    Die Dynamik der Materie

25. Weltharmonik   142
    Erkenntnis ist das Ersetzen einer Näherung durch eine bessere

Anhang   144
    Eddingtons Rechenbeispiel zum Michelson-Morley-Experiment

Anmerkungen   145

Literaturverzeichnis   149

Personen- und Sachregister   152

Danksagung   159

Wichtig ist, dass man nicht aufhört zu fragen.

Albert Einstein

Einleitung

> Will man einen Philosophen studieren, so ist die richtige Einstellung ihm gegenüber weder Ehrfurcht noch Geringschätzung, sondern zunächst eine Art hypothetischer Sympathie, bis man in der Lage ist, nachzuempfinden, was der Glaube an seine Theorien bedeutet; erst dann darf man ihn kritisch betrachten, und das möglichst in der geistigen Bereitschaft eines Menschen, der von seinen bisher vertretenen Ansichten unbelastet ist. Geringschätzung würde den ersten und Ehrfurcht den zweiten Teil dieses Vorhabens beeinträchtigen.
>
> Bertrand Russell[1]

> Kommt der Prüfende zu einer widersprechenden Auffassung, so genügt es nicht, daß er seine Zweifelserlebnisse schildert, auch nicht, daß er beteuert, er habe diese oder jene Wahrnehmungserlebnisse gehabt, sondern er muß eine Gegenbehauptung mit neuen Prüfungsanweisungen aufstellen.
>
> Karl Raimund Popper[2]

EINSTEIN hat RUSSELL bekanntermaßen sehr geschätzt und wer, wenn nicht EINSTEIN, ging mit hypothetischer Sympathie an alles heran. Aus dieser Einstellung heraus betrachtete EINSTEIN jede noch so gewagt erscheinende These mit dem gleichen kritischen Interesse wie eine allgemein akzeptierte, fundamentale Theorie. Diese Haltung machte ihn zum bedeutensten Physiker des 20. Jahrhunderts.

Mit eben dieser Haltung nähert sich dieses Buch der Relativitätstheorie. Dabei fragt es nur soweit zum Verständnis nötig danach, *wie* sie funktioniert, weil dies Aufgabe der wissenschaftlichen Literatur ist. Doch beschränkt es sich auch nicht darauf, zu erklären, *was* die Theorie aussagt, wie es die populärwissenschaftlichen Bücher zum Thema tun, denn diese verschweigen dabei die inneren Widersprüche der Theorie. Noch gehört es zu jener kritischen Literatur, die die Widersprüche bloßlegt, ohne eine Lösung derselben vorzuschlagen, so dass im Ergebnis die gesamte Theorie in Zweifel gezogen wird.

Dieses Buch versucht eine kritische Annäherung im Russellschen Sinn. Es fragt, *warum* die Theorie mathematisch funktioniert, obwohl sie physikalisch nicht funktionieren dürfte? Indem es diesem Widerspruch nachgeht, kommt es zu verblüffenden, neuen Einsichten in die Geheimnisse von Raum und Zeit. Die zunächst mathematisch gedachte Theorie lässt sich auch physikalisch erklären und erweist sich damit als gültiger, als Einstein vielleicht selbst bewußt war.

Wenn die auf die offenen Fragen der Relativitätstheorie hier gefundenen Antworten sich als richtig erweisen, hatte Einstein am Ende recht: Gott würfelt nicht. Die Welt des Mikrokosmos ist klar determiniert und folgt den gleichen Gesetzen, wie die des Makrokosmos. Auch für seine (später allerdings von ihm revidierte) These, dass das Universum sich zusammenzieht, gibt es Beweise. Beweise, die sich aus Experimenten ableiten lassen, die zur Bestätigung der Relativitätstheorie erdacht und durchgeführt wurden.

Einsteins Überzeugung, dass alle großen Zusammenhänge im Wesen ganz einfach sind, scheint sich auf erstaunliche Weise zu bestätigen. Dieses Buch wagt, ausgehend von seiner großer Theorie, die These, dass die gesamte Komplexität der Welt auf nur zwei Urkräfte zurückzuführen ist — zwei Feldkräfte. Für die Beschreibung der einen erhielt Einstein den Nobelpreis, für die Beschreibung der andern wurde er weltberühmt.

1905 legte Einstein drei bedeutende Arbeiten vor, die scheinbar nichts miteinander zu tun haben. Rückblickend bilden sie eine geniale Einheit, in der die universelle Feldtheorie als Kern bereits angelegt ist. So beschrieb er mit dem Photoeffekt jene Kraft, die in der Lage ist alles auseinander zu treiben. Mit der speziellen Relativitätstheorie legte er den Grundstein für seine 10 Jahre später veröffentlichte Gravitationsfeldgleichung: eine Beschreibung jener Kraft, die alles zusammenzieht. Die 1905 gleichfalls von ihm beschriebene Brownsche Molekularbewegung erscheint aus diesem Blickwinkel letztlich als Folge der Interaktion der beiden gegensätzlichen Feldkräfte — unentwegte Schwingung.

Da der Fachmann die Widersprüche der Theorie kennt, jene, die zu ihrer Entstehung geführt haben und jene, die in ihr stecken, wird ihm der erste Teil des Buches nichts neues sagen. Während er sich sofort dem zweiten Teil zuwendet, wird er freundlich gebeten, die noch ganz skizzenhafte Darstellung der hier zur Diskussion gestellten Zwei-Felder-Theorie nicht als fertiges Gedankengebäude, sondern als Anregung

Einleitung

zum Weiterdenken zu nehmen. Jede neue Idee erscheint zunächst radikal und dünkt sich im Übereifer der Entdeckerfreude vollständig. Es bedarf der Diskussion um die Fallgruben abzustecken und die Ecken und Kanten zu entschärfen. Erst dann wird sich zeigen, ob eine Theorie zu einem Baustein im großen Gebäude der Erkenntnis taugt. Doch kann man den zweiten Schritt nicht vor dem ersten tun. Man muss einen neuen Gedanken zunächst aussprechen, bevor man ihn auf Herz und Nieren prüfen und für gut befinden oder verwerfen kann. In diesem Sinne wünscht sich dieses Buch kritische Leser.

Während der Text dem Laien mehr Fragen beantwortet, als dieser vorab hatte, stellt es dem Physiker mehr Fragen, als dieser bisher kannte. Es ist das Wesen der Wissenschaft, dass jede Lösung eines Problems wie das Öffnen einer Tür ist, die in einen Raum mit zahlreichen neuen Türen führt. Indem dieses Buch eine der Türen öffnet, zu der EINSTEINS Theorie hingeführt hat, wirft es folgerichtig neue Fragen auf, die sich dem Fachmann beim Lesen stellen, obwohl sie, im Interesse der Lesbarkeit des Textes, nicht formuliert wurden.

Die Schwierigkeit besteht erstaunlicherweise weniger im Öffnen, als im Finden der Tür und darin, vor dem was sich hinter ihr zeigt, nicht zurückzuschrecken. Doch auf den Schultern von Riesen, können Zwerge nicht nur weit sehen, sie lassen sich auch vom Mut ihrer Vorgänger anstecken. Daher gilt mein Dank all denen, auf deren Erkenntnissen ich aufbaue, an deren Fragen ich mich weiterhangeln, aus deren Zweifeln ich Mut schöpfen konnte.

Indem dieses Buch sich gleichermaßen an Physiker und interessierte Laien wendet, kämpft es mit dem unlösbaren Problem, die einen nicht mit Begriffserklärungen und Fakten langweilen zu wollen, die ihnen hinreichend geläufig sind, die anderen hingegen nicht mit einer Fachsprache zu frustrieren, die ihnen die Lust am Lesen nimmt. Es bleibt nur die Bitte an die einen, die unnötigen Erklärungen freundlich zu überlesen und an die anderen, wo nötig ein Lexikon zur Hand zu nehmen.

I. Teil — Offene Fragen

Geschichte einer Theorie und Genese eines Widerspruchs

1. Eine unheimliche Theorie
Physik ohne Kausalität? Veränderung ohne Krafteinwirkung?

> Suchet nach Gründen, mit denen ihr ein den Himmelsbewegungen besser entsprechendes System aufbauen und die von mir aufgestellte Anordnung teilweise oder ganz einreißen könnt.
>
> Johannes Kepler[3]

> Es ist nicht das Ziel der Wissenschaft, unwandelbare Wahrheiten und ewige Dogmen aufzurichten: Ihr Ziel ist es, durch aufeinanderfolgende Näherungsschritte an die Wahrheit heranzukommen, und sie nimmt nicht für sich in Anspruch, auf irgendeiner Stufe endgültige und vollständige Genauigkeit erreicht zu haben.
>
> Bertrand Russell[4]

EINSTEINS Relativitätstheorie ist im Grunde ein philosophisches Werk. Wie jedes große philosophische Werk revolutioniert sie unser Denken, in diesem Fall unsere Vorstellungen von Raum und Zeit. Sie ist im doppelten Wortsinn ein Geniestreich, ein genialer Streich eines genialen Mannes. Doch EINSTEIN hat gerade nicht für diese Theorie seinen NOBELpreis bekommen, obwohl es dieses Werk ist, dass ihn unsterblich gemacht hat und ihm einen ewigen Platz in der Reihe der bedeutendsten Physiker sichert. Warum gab und gibt es immer wieder Zweifel an der Richtigkeit seiner Theorie? An einer Theorie, die durch zum Teil spektakuläre Vorhersagen immer wieder bestätigt wurde?

Weil, wer das Wesen der Relativitätstheorie glaubt verstanden zu haben, und nicht an ihr verrückt wird, sie nicht wirklich verstanden hat.

Der Streit um EINSTEINS Lebenswerk geht tief. Er rüttelt nicht nur an den Grundfesten der Theorie, der postulierten Konstanz der Lichtgeschwindigkeit. Er rüttelt an den Grundfesten der gesamten Physik. Seit EINSTEIN hat man das Konzept der Kausalität von Ursache und Wirkung, von Kraft und Gegenkraft im Grunde aufgegeben. Die Relativitätstheorie ist von ihrem Wesen her unphysikalisch. Trotzdem vermag sie die Realität der Himmelsmechanik und viele Phänomene der Teilchenphysik zu beschreiben. Wie ist das möglich?

1. Kapitel

Zwischen Beschreiben und Erklären gibt es eine Unschärfe, die wie ein Geist aus der Flasche immer größer wird. Aus diesem Unschärfebereich entspringen die unvorstellbarsten Konzepte über Ursprung, Beschaffenheit und Ende unseres Universums. Da allein der sichtbare Teil des Universums an sich schon unvorstellbar groß ist, nehmen wir gelassen hin, dass es noch unsichtbare Teile nicht nur hinter den Auflösungsgrenzen der Teleskope, sondern quasi direkt vor unseren Augen in verborgenen Dimensionen gibt. Doch die von der Wissenschaft für denkbar erklärten Paralleluniversen sind nichts als mögliche Lösungen einer Gleichung, deren physikalischen Sinn man zu suchen aufgegeben hat.

EINSTEIN hat uns gelehrt, dass die Welt beschreibbar, aber letztlich nicht erkennbar ist, weil unsere Sinne nicht ausreichen, die verborgenen Dimensionen zu entdecken. Hier wird nun die Gegenthese aufgestellt: Die Welt ist vielleicht nie vollständig beschreibbar, weil die dazu notwendige Gleichung zu komplex ist, als dass sie innerhalb eines Menschenlebens lösbar wäre. Doch sie ist erkennbar, auch wenn wir uns der vollständigen Erkenntnis nur annähern können und die letzte Erkenntnis nie erreichen werden.

Diese These widerspricht dem Erfolgsrezept der theoretischen Physik seit dem Anfang des letzten Jahrhunderts. Die feiert mathematische Triumphe, indem sie immer komplexere Gleichungen zur Beschreibung der Welt liefert, die auf immer größeren Rechnern eine mögliche Entwicklung der Welt emulieren, doch hat sie vor dem zweifachen Kausalitätsbruch durch Relativitätstheorie und Quantentheorie physikalisch kapituliert. Die Suche nach dem Wesen der Dinge, dem physikalischen Zusammenhang, wurde der Suche nach einer Formel ohne physikalischen Bezug geopfert. PLANCKS Quantentheorie und EINSTEINS Relativitätstheorie wurden zum Ausgangspunkt der theoretischen Physik, einer Richtung, die auf die Herstellung von Zusammenhängen zwischen Ursache und Wirkung verzichtet und damit auch ihre Anschaulichkeit mehr und mehr verliert.

Ausgangspunkt war der Versuch, die Prinzipien der klassischen Mechanik auf die Elektrodynamik zu übertragen. Kurioserweise wurden diese Prinzipien gerade dadurch aufgehoben. Seitdem stützt sich die Physik auf die Lösungen mathematischer Formeln. Doch wenn diese Formeln mehrere Lösungen hergeben, dürfen dann *alle* nur denkbaren Lösungen als real angesehen werden, nur weil *eine* Lösung sich als brauchbar erweist?

Dieser Weg scheint eine Sackgasse zu sein. EINSTEIN hat mit seiner Theorie das Fenster zu einer neuen Welt aufgestoßen. Doch irgendetwas hindert uns die Tür zu finden, die in diese Welt der Feldtheorie führt. EINSTEIN selbst hat ein Leben lang vergeblich danach gesucht. Vielleicht wird sich diese Tür erst öffnen lassen, wenn es gelingt die Relativitätstheorie zu einer physikalischen Theorie zu machen, zu einer Theorie in der das Wirken von *Kräften* Ursachen hervorruft. Denn im Grunde ist sie etwas Ungeheuerliches. Die Relativitätstheorie behauptet nicht mehr und nicht weniger, als dass es in der Physik Wechselwirkungen gibt, die *nicht* auf dem Wirken von Kräften basieren.

100 Jahre ist sie alt, die spezielle Relativitätstheorie und 90 Jahre die allgemeine. Zusammengenommen sind sie der physikalische Geniestreich des 20. Jahrhunderts. Doch der Schatten des Meisters verdunkelt auch 50 Jahre nach seinem Tod noch immer die blinden Flecken der Theorie und verstellt damit eine konstruktive Weiterentwicklung des großen Wurfes. Es ist eine Ironie der Geschichte, dass die Relativitätstheorie, die durch ihre Vorhersage der Ablenkung von Licht durch Schwerkraftfelder, über Nacht bekannt wurde, letztlich an der Erklärung des Verhaltens von Licht scheitert.

Da gerade die Vorhersage der Lichtablenkung die Relativitätstheorie berühmt gemacht hat, scheint es undenkbar, dass sie ausgerechnet bezüglich ihrer Aussagen zur Bewegung von Licht unzureichend ist. So wenig die Raumfahrt auf die Theorie verzichten kann, so sehr steht sie der modernen Astronomie und Kosmologie mehr und mehr im Wege. Man kann nicht an ihr vorbei und kann sie doch auch nicht ganz akzeptieren.

Erkenntnis ist stets das Ersetzen eines alten Irrtums durch einen neuen. Gerade deshalb geschieht dies mit größter Hochachtung und Respekt vor den Leistungen all jener, die vor uns alte Irrtümer durch neue, jeweils zeitgemäße ersetzten. Erkenntnis ist auch immer ein Lernen aus Widersprüchen zur Präzisierung von Modellen, und so wird sich vielleicht zeigen, dass, so wie EINSTEIN NEWTONS Gesetze als Sonderfall begriff, auch die Relativitätstheorie als Sonderfall betrachtet werden kann.

Dazu soll die Ideengeschichte der Relativitätstheorie nachgezeichnet werden, wobei vor allem nach den Gründen für den Erfolg der Theorie trotz ihrer Widersprüche zu suchen ist. Denn erst hieraus kann die Erkenntnis erwachsen, die es ermöglicht, das Taugliche vom Untauglichen zu trennen. Allerdings gibt es, um mit EUKLID zu sprechen, nicht nur keinen Königsweg zur Geometrie, sondern grundsätzlich keinen Königsweg zur Erkenntnis. Denn nur, wenn wir uns Schritt für Schritt vorarbeiten, fallen uns die kleinen Ungenauigkeiten und Begriffsverwirrungen auf, die beim Vorwärtsstürmen leicht übersehen werden. Bei dieser Reise wird sich uns Stück für Stück ein neuer Blick auf die Struktur des Universums und der Materie auftun.

2. Ein Lichtstrahl wird Kronzeuge
Licht bekommt Gewicht

Ich weiß nicht, als was mich die Welt ansieht; mir selbst scheint es, als ob ich nur ein Knabe gewesen bin, der am Meeresstrand spielte und sich freute, wenn er hin und wieder einen glätteren Kiesel oder eine hübschere Muschel als sonst fand, während das große Meer der Wahrheit ganz unergründlich vor mir lag.

Isaac Newton[5]

Oh leave the Wise our measurement to collate.
One thing at least is certain, *Light* has *Weight*
One thing is certain and the rest debate —
Light-rays, when near the Sun, *do not go straight*.
[Hervorhebung i.O.]

Arthur Stanley Eddington[6]

Oh lass die Weisen unsere Messung deuten.
Eins letztlich ist gewiss, Licht hat Gewicht.
Eines ist sicher und der Rest bleibt Frage —
Lichtstrahlen, nah der Sonne, gehen nicht gerade.

[Nachdichtung d.A.]

Bekanntermaßen wurde die Relativitätstheorie durch die Vorhersage, der scheinbaren Verschiebung der Stellung der im Sonnenhintergrund stehenden Sterne infolge der Einwirkung des Schwerkraftfeldes der Sonne auf deren Licht bestätigt. Das Licht der Sterne wurde durch das Gravitationsfeld der Sonne abgelenkt und änderte so seine Richtung.

Eine bahnbrechende Entdeckung, die, hätte es nicht bereits eine ungewöhnliche Erklärung für dieses erstaunliche Phänomen gegeben, eine ungewöhnliche Theorie hätte hervorbringen müssen. Das war durch die Relativitätstheorie nicht mehr nötig. Doch obwohl die Relativitätstheorie die Lichtablenkung beschreibt, vermag sie nicht, sie zu erklären. Denn wie kann ein Schwerkraftfeld Licht ablenken, wenn Licht gar keine Masse besitzt? Wie kann eine Massenanziehungskraft auf ein masseloses Teilchen wirken?

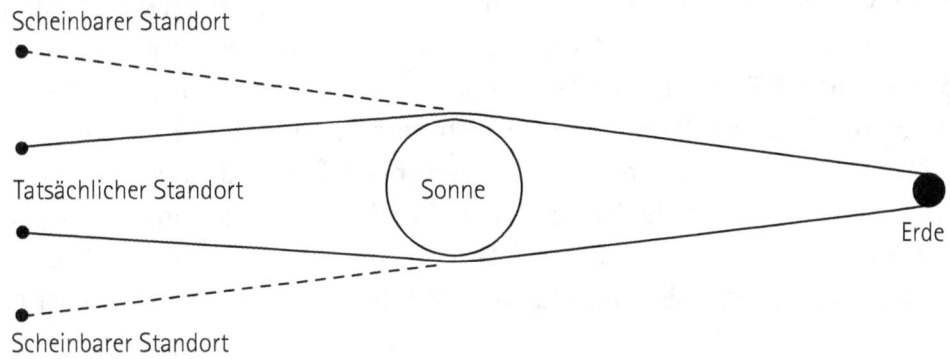

Abb. 1: Durch die Krümmung des Lichts im Gravitationsfeld der Sonne scheinen die hinter der Sonne stehenden Sterne auseinanderzurücken. Erkennbar wird das, wenn man Fotos des gleichen Himmelsabschnittes vergleicht, der einmal ohne Sonne und einmal mit der verfinsterten Sonne im Vordergrund aufgenommen wurde.

Doch nach EINSTEIN wurde während der Sonnenfinsternis auch nicht entdeckt, dass das Gravitationsfeld der Sonne das Sternenlicht ablenkt, sondern dass *der durch das Gravitationsfeld der Sonne gekrümmte Raum, die Bahn des Lichts krümmt*. Nicht das Gravitationsfeld selbst, sondern ein geometrischer Ort, also etwas völlig kräftefreies, wirkt auf die elektromagnetischen Lichtwellen ein. *Die Gravitationskraft deformiert die Geometrie und der deformierte Raum lenkt die Photonen ohne Krafteinwirkung ab.* Das war wahrhaftig eine wissenschaftliche Revolution. Eine Kraft wirkt auf eine abstrakte Größe wie die Geometrie und eine Geometrie beeinflusst Materie ohne Kraftübertragung. So etwas war seit NEWTON nicht mehr denkbar gewesen.

Wie wir wissen, wurde EINSTEIN nach der offiziellen Bekanntgabe der Beobachtungsergebnisse am 6. November 1919 nahezu über Nacht berühmt. Das Fundament seiner Theorie setzte zwar die Grundannahmen der Physik außer Kraft, aber das darauf errichtete Gebäude hatte sich als fähig erwiesen, nachprüfbare Vorhersagen zu treffen.

Die Relativitätstheorie erwies sich auch in anderer Hinsicht als tragfähig. Mit ihrer Hilfe gelang das Berechnen der Bahnveränderungen des Merkur. Auch beschreibt sie Zeitdilatationseffekte (sogenannte Zeitdehnungen) in Abhängigkeit von Schwerkraftwirkungen und von Eigenbewegungen von Körpern, ohne deren Berücksichtigung das Global Positioning System (GPS) nicht funktionieren würde. Wie ist es möglich, mit einer im Kern völlig unphysikalischen Theorie physikalische

2. Kapitel

Phänomene beschreiben und berechnen zu können?

Irgendetwas an dieser Theorie ist wie ein Splitter im Kopf. Irgendetwas scheint unvollständig. Doch wenn etwas an der Relativitätstheorie falsch sein sollte, dann ist es „sehr gut falsch". Ihr Fehler, der vielleicht nur eine Ungenauigkeit ist, steckt wie ein Stachel tief im Fleisch der Physik, den wir nicht herausziehen können, wenn wir den genialen Irrtum, der ihm zugrunde liegt, nicht erkennen. Basiert die Relativitätstheorie vielleicht auf einer Art Doppelfehler, der sich größtenteils in seiner Wirkung selbst aufhebt und deshalb so schwer zu fassen ist? Geht es uns daher mit EINSTEINS Theorie wie SCHRÖDINGER mit der Katze? Die Relativitätstheorie scheint wahr und auch wieder nicht wahr.

EINSTEIN hat der Menschheit in der Dunkelheit der Sonnenfinsternis des 29. Mai 1919 die Wechselwirkung zwischen Schwerkraft und Licht vorgeführt. Eine in mehrfacher Hinsicht wissenschaftliche Sensation, denn Grundlage dieser Vorhersage war, dass der Lichtäther, das Medium, in dem sich Licht ausbreitet, für nichtig erklärt wurde. Damit gab es keinen Mittler mehr zwischen Gravitation und Licht. Doch wenn das Licht kein Medium braucht, in dem es sich ausbreitete, wenn es durchs absolute Nichts des Alls fliegt, wieso krümmt sich dann seine Bahn mitten in dieser Leere?

Wenn da absolut nichts ist, was auf das Licht einwirkt, dann ist die Lichtablenkung physikalisch betrachtet Magie. Irgendetwas an diesen Lichtquanten, diesen Photonen, macht einen verrückt, wenn man beginnt darüber nachzudenken. So gelten sie als Wellenteilchen, obwohl sie — wie man sich vorsichtig auszudrücken pflegt — keine Ruhemasse besitzen. Dass sie masselos sind weiß man, weil sie auch bei Lichtgeschwindigkeit keine Masse zu haben scheinen, weil sie die einzigen Objekte sind, die diese Grenzgeschwindigkeit überhaupt erreichen, die für jedes echte Masseteilchen unerreichbar bleibt. Sind sie womöglich gar keine Masseteilchen, sondern etwas grundverschiedenes? Was aber sind sie dann? Wieso krümmen sich diese *masselosen* Dinger unter dem Einfluss der *Massenanziehungskraft*?

Während der Sonnenfinsternis 1919 gab die Dunkelheit den Blick auf ein bisher unentdecktes physikalisches Phänomen frei. Als die Nachricht um die Welt lief, ging der Stern Albert EINSTEINS auf. Dieser Stern überstrahlt bis heute die Schattenseiten der Theorie, mit deren Hilfe das Phänomen entdeckt worden war — ihre unphysikalische Basis.

EINSTEIN hatte eine Vorhersage gemacht, die einer neuen Theorie entsprang. Diese Theorie war dadurch bewiesen. Befürworter wie Zweifler begannen nun nach immer neuen Möglichkeiten zu suchen, um diese geniale Theorie zu beweisen oder zu Fall zu bringen. Doch sehen wir zunächst, wie sie entstand.

3. Der Lichtäther
Sein oder Nichtsein?

> Diese Tatsache, daß gewisse physikalische Vorgänge sich durch den Weltenraum fortpflanzen, hat früh zu der Hypothese geführt, daß der Raum gar nicht leer, sondern mit einem äußerst feinen, unwägbaren Stoff, dem *Äther*, erfüllt sei, der der Träger dieser Erscheinungen ist.
>
> Max Born[7]

> Die Aethertheoretiker sehen in dem Weltuntergrund mehr als nur Raum und Zeit. Für sie ist der Raum zwischen den Sternen nur leer in dem Sinne, wie einem Fisch im Wasser die Umgebung erscheinen mag. Wenn er gerade in seiner Nachbarschaft nichts sieht. Aether und Materie sind innig verbunden ...
>
> Emil Wiechert[8]

Das ganze Dilemma der Relativitätstheorie steckt in ihrem Ätherbegriff. Es gibt ihn und es gibt ihn auch wieder nicht. Er vermag etwas und vermag es auch wieder nicht. Was ist überhaupt ein Äther?

Der Begriff geht auf ARISTOTELES zurück, der darunter die reine obere Himmelsluft des weiten Himmelsraums verstand. Er führte den Äther als fünftes Element ein, das, im Gegensatz zu den vier irdischen Elementen Feuer, Wasser, Erde und Luft, ewig und unwandelbar, sowie besonders fein und ohne Eigenschaften sei. PARACELSUS entlehnte diesen Begriff und bezeichnete mit ihm die höheren Luftsphären, die das Firmament bilden. Für HUYGENS wurde der Äther dann zum Träger der Lichtwellen. NEWTON wiederum fragte sich, ob die Gravitationskräfte durch den Äther übertragen werden, indem die Anziehungskräfte der Körper gleichsam an diesem geheimnisvollen Stoff zerren.

Wenn der Äther ein Stoff ist, muss er sich auch stofflich bemerkbar machen. Es müssten Reibungskräfte auftreten, die langfristig zum Abbremsen der Himmelskörper führen würden. Da solches nicht beobachtbar war, ließ man den Gedanken eines Gravitationsäthers wieder fallen. Doch so störend ein Gravitationsäther für die Bewegung der Himmelskörper , so notwendig schien er für die Ausbreitung der Lichtwellen. Diese sind offensichtlich in der Lage den leeren Raum zu durchqueren und uns so von fernen Sternen zu künden.

Den leeren Raum, in dem jeder Laut versiegt, weil es *kein Schallmedium gibt, in dem Schallwellen schwingen können*, durchqueren die *Lichtwellen* problemlos. Doch worin schwingen sie? Sind Lichtwellen etwas besonderes? Können sie ohne Medium schwingen? Aber sind sie dann überhaupt Wellen?

Eine Welle ist nach mechanistischem Verständnis die *Schwingung ihres Mediums*. Man kann sich eine Wasserwelle einfach nicht ohne Wasser vorstellen. Ein Impuls regt das Medium an, das dadurch zu schwingen beginnt und eine Welle ausbildet. So betrachtet, brauchte man also einen Lichtäther, um sich eine Lichtwelle als Schwingung dieses Äthers denken zu können.

Doch mit der Entwicklung der Elektrotechnik wurde der elektromagnetische Charakter des Lichtes erkannt. Zwar meinte man immer noch auch eine elektromagnetische Welle bedürfe eines Schwingungsmediums, aber der Elektromagnetismus war ein völlig neues Phänomen. Mit seiner Entdeckung trat etwas Magisches in die Physik. Magnetfelder konnten berührungslos Kräfte übertragen. Ein Magnet griff wie mit Geisterhand nach einem Stück Eisen und hob es vom Boden auf.

In der Mechanik, dem Fundament der Physik, wirken Kräfte stets direkt und damit sinnlich nachvollziehbar. Kräfte können nur weitergegeben werden, wenn sich Körper berühren. Billardkugeln müssen angestoßen werden, um Impulse aufzunehmen, bzw. anstoßen, um Impulse zu übertragen. Ein Wagen muss von einer sichtbaren Hand gezogen oder geschoben werden, um sich zu bewegen. Der Elektromagnetismus ist eine unsichtbare, scheinbar berührungslos wirkende Kraft. Zwar erkannte man bald den Zusammenhang zwischen Elektrizität und Magnetismus und entdeckte so, dass Magnetkräfte nicht aus dem Nichts kommen, sondern berechenbar sind. Aber ihr Wesen blieb unergründlich. Was ist ein Magnetfeld? Wie können Felder Kräfte übertragen, ohne aus wägbarer, ponderabler Substanz zu bestehen? Welcher „Stoff" zog einen anderen Magneten an oder schob in weg? Was ist das für eine materielle Struktur, die den Raum zwischen zwei Magneten wahlweise in eine Zug- oder Druckfeder verwandeln kann? Den „Stoff" aus dem Kraftfelder bestehen, können wir uns bis heute nicht vorstellen. Wir haben gelernt Felder zu steuern, zu messen, zu lenken, aber ihr Wesen blieb uns verborgen.

Die Entdeckung der Feldkräfte hat unsere Vorstellungen über die Existenzformen von Materie erweitert. Wenn Felder berührungslos Kräfte übertragen können, gibt es möglicherweise auch Wellen, die ohne Medium schwingen. Die Notwendigkeit eines Lichtäthers wurde in Frage gestellt. Doch fiel es trotz allem schwer, sich eine Welle ohne Medium vorzustellen. Daher suchte man gegen Ende des 19. Jahrhunderts mit wachsender Intensität nach einem Ätherbeweis.

Trotz der Entdeckung von Magnetfeldern, trotz des Wissens über das Wirken der Gravitationskräfte durch den Raum hindurch, stellte man sich den Äther als einen *Stoff* vor, der aus Partikeln besteht. Als einen sehr feinen Stoff zwar, aber als etwas substanziell anfassbares. Irgendwie eine besonders reine Art von Luft. So fein, dass diese Ätherluft alles durchdringen kann. Denn wenn Licht alles durchdringen kann, zumindest bestimmte Frequenzen wie Röntgen- und Gammastrahlen, muss auch der Lichtäther überall vorhanden sein. Doch was soll dieser Äther sein? Wonach sollte man suchen und wie ihn messen?

4. Die Ätherfalle
Suche nach dem Ätherwind

> Für die Entwicklung der Physik hat das MICHELSON-Interferometer jedoch eine noch weitaus größere Bedeutung, da mit ihm gezeigt worden ist, daß die elektromagnetischen Wellen sich im Vakuum ausbreiten und kein zusätzliches Medium benötigen, wie dies früher angenommen wurde.
>
> Thomas und Herbert Walther[9]

> Zur Überraschung der beiden Experimentatoren MICHELSON und MORLEY war das Ergebnis eine taube Nuß.
>
> Arthur Stanley Eddington[10]

Als für die Entwicklung der Relativitätstheorie ausschlaggebendes Experiment gilt das Ende des 19. Jahrhunderts von MICHELSON und MORLEY durchgeführte Experiment zum Äthernachweis. Es verlief negativ, woraus auf die Nichtexistenz eines Lichtäthers geschlossen wurde. Doch auf welchen Grundannahmen beruhte es?

Bis zur Entdeckung des elektromagnetischen Charakters der Lichtwellen durch HERTZ kannte man nur Wellen, die sich in Flüssigkeiten, Gasen oder festen Körpern ausbreiten, indem sie das jeweilige Wellenmedium in Schwingung versetzten. Brauchen auch Lichtwellen ein derartiges Medium oder können sie sich nach dem Konzept von MAXWELL durch Selbstinduktion im absolut leeren Raum ausbreiten?

Selbstinduktion bedeutet, dass ein Lichtquant abwechselnd ein elektrisches bzw. magnetisches Feld hervorbringt, wobei ein Feld das jeweils andere aus sich heraus induziert, so dass sich die beiden gegensätzlichen und doch abhängigen Felder abwechselnd selbst erzeugten. Man stellt sich dies als gerichteten Prozess insofern vor, dass das jeweils neu zu induzierende Feld in Flugrichtung des Lichts „ausgeworfen" wird. Lichtwellen sollen sich so aus sich selbst heraus fortpflanzen, da das Licht sich gewissermaßen seinen eigenen Weg durch das Nichts baut. So, als bahnten wir uns mit zwei Brettern bewaffnet einen Weg durchs Moor, stets auf dem einen stehend, das zweite von hinten nach vorne schiebend, um dann auf dieses zu treten und nun erneut das hintere Brett vorzuschieben. Indem wir solcherart unseren eigenen Weg mitschleppten, wäre es uns möglich, unwegsames Gelände zu passieren. Ein geniales Konzept. Und doch, muss da nicht mindestens ein Moor unter uns sein, das unsere Bretter trägt?

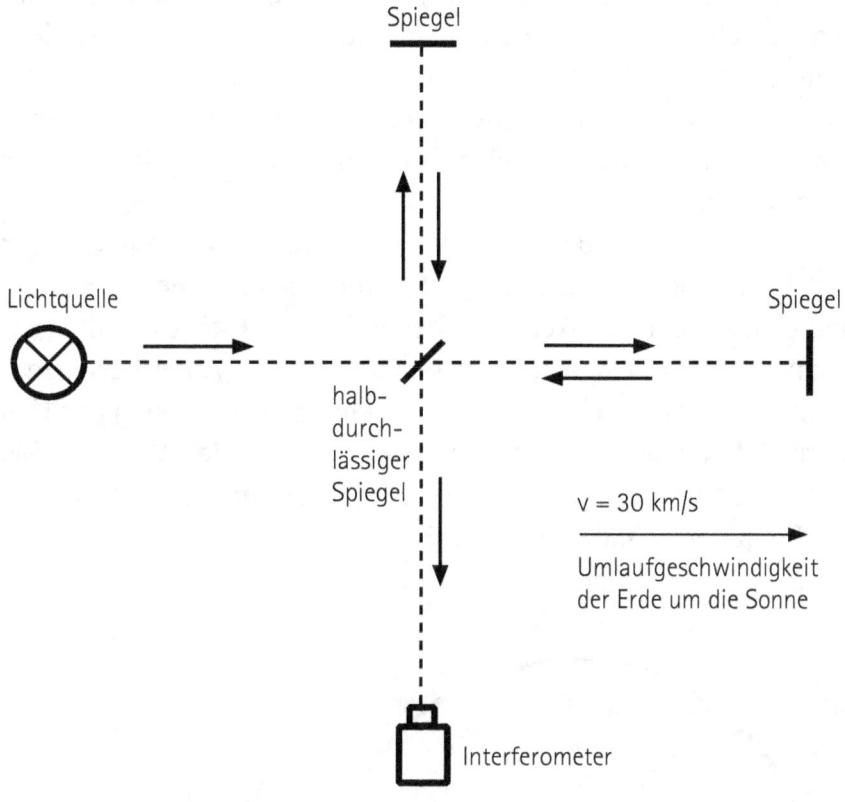

Abb. 2: Schematische Darstellung des Versuchsaufbaus des MICHELSON-MORLEY-Experiments.

Die Beantwortung dieser Frage sollte durch ein Experiment entschieden werden. Im Versuchsaufbau (siehe Abb. 2) wurde Licht aus einer Quelle auf einen halbdurchlässigen Spiegel geleitet, wodurch der Strahl so geteilt wurde, dass nach exakt gleichen Wegstrecken je ein Teilstrahl auf je einen Spiegel traf. Dort wurde das Licht vollständig reflektiert und auf den halbdurchlässigen Spiegel zurückgeworfen. Dieser leitete beide zurückkommenden Lichtstrahlen auf das Interferometer.

Dieses hochgenaue Messinstrument, das von MICHELSON immer wieder verbessert wurde, wofür er schließlich den NOBELpreis erhielt, ermöglichte es, geringste Phasenverschiebungen des Lichts der beiden unterschiedlichen Strahlen wahr-

4. Kapitel

zunehmen. Ein Laufzeitunterschied von nur 3 km/s hätte damit feststellbar sein müssen[11], was eine enorme technische Leistung war, wenn man bedenkt, dass die Lichtgeschwindigkeit selbst knapp 300 000 km/s beträgt. Dieses Gerät war also in der Lage, eine Geschwindigkeitsänderung von nur 1/100 000 festzustellen, wobei die erwartete Geschwindigkeitsdifferenz eine Zehnerpotenz höher lag. Denn es wurde angenommen, dass sich die Geschwindigkeit, mit der die Erde um die Sonne wandert (30 km/s), als Laufzeitunterschied zwischen den beiden Lichtstrahlen bemerkbar machen würde.

Der Grundgedanke war der: da Licht alles durchdringen kann, muss auch der Lichtäther alles durchdringen, folglich auch die Erde. Dann, so meinte man, müsse aber auch eine Relativgeschwindigkeit zwischen Erde und Äther feststellbar sein, da sich die Erde dann durch diesen überall im All vorhandenen Äther bewegen muss. Diese Relativgeschwindigkeit meinte man, durch Phasenverschiebung des Lichts in besagtem Experiment nachweisen zu können. Projiziert man den MICHELSON-MORLEY-Versuch auf die Erde, scheint erkennbar, dass Strahl A quer zum Ätherwind läuft, während Strahl B mit dem Wind fliegt, Abb. 3.

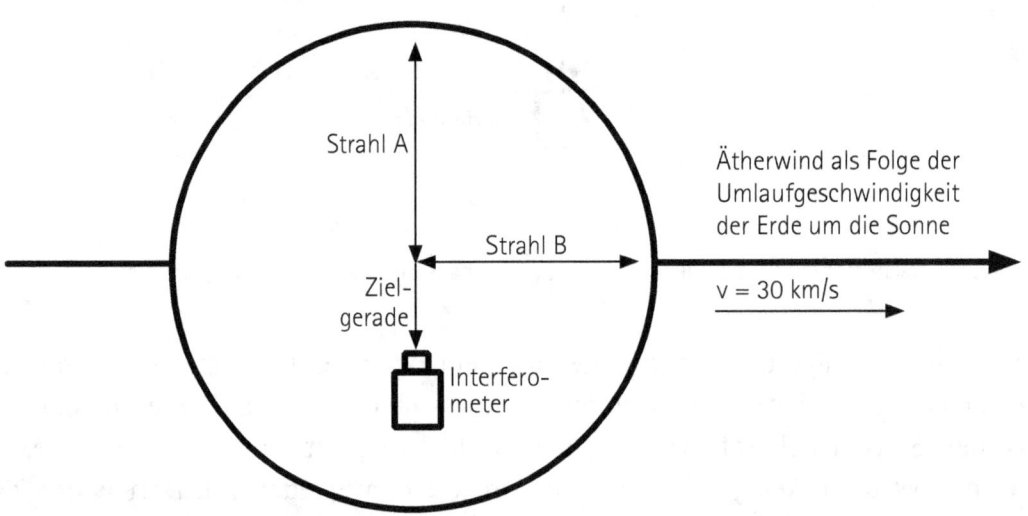

Abb. 3: Da man annahm, dass der Ätherwind überall auf der Erdoberfläche spürbar sein, erwartete man, seine Wirkung durch Nachweis der Laufzeitunterschiede zwischen zwei Lichtstrahlen erkennen zu können. Wenn es einen Ätherwind gibt, muss Strahl B langsamer sein als A (siehe Anhang, S. 144). Dann muss es zu einer Phasenverschiebung zwischen beiden kommen.

Die Ätherfalle

Der Äther sollte sich also dadurch kenntlich machen, dass die Lichtstrahlen A und B im Interferometer phasenverschoben erscheinen, weil sie infolge Ätherdrift unterschiedlich lange für ihre Wege brauchen. Es wurde aber trotz immer größerer Verfeinerung des Versuchsaufbaus und Drehung der Anlage in unterschiedlichste Richtungen keine Phasenverschiebung festgestellt. Gab es keinen Äther? Oder konnte man *auf diese Weise* keinen Ätherwind messen?

Weniger die Präzision der Messinstrumente, als vielmehr die Logik der Natur scheint maßgebend für die Beantwortung der Frage. Wenn die Bewegung der Erde um die Sonne auf der Erdoberfläche spürbar wäre, hätte der Ätherwind eine Geschwindigkeit von gut 100 000 km/h (30 km/s).

In diesem Fall gäbe es jedoch keinen Grund, warum nicht auch die anderen Bewegungen der Erde auf ihrer Oberfläche direkt spürbar sein sollen. So bewegt sich die Sonne mit dem gesamten Planetensystem mit circa 220 km/s um das Zentrum der Galaxie (das entspricht etwa 790 000 km/h). Die Galaxie ihrerseits kreist sehr wahrscheinlich um einen großen, noch unbekannten Attraktor (dem die Astronomie auf die Spur zu kommen sucht). Die Galaxiegeschwindigkeit wird die beiden anderen möglicherweise noch übertreffen. Somit würde der gesamte Ätherwind vielleicht 500 km/s vielleicht 2 Millionen km/h betragen.

Nun mag der Äther ein sehr feiner Stoff sein, so dass auch große Windgeschwindigkeiten kaum spürbar sind. Doch ergibt sich durch die Überlagerung aller (bisher gar nicht vorstellbaren) Bewegungen der Erde durch das Universum, eine so hohe Geschwindigkeit, dass wohl selbst der Ätherwind spürbar würde. In jedem Fall läge die messbare Ätherdrift deutlich über 30 km/s.

Abb. 10 (siehe S. 73) macht zudem deutlich, dass sich der lokale Ätherwind infolge Eigenrotation der Erde im Laufe des Tages ändert. Es wird später gezeigt werden, dass es deshalb nicht nur logisch, sondern lebensnotwendig ist, dass die Natur eine Art Schutzschild gegen die Ätherwinde geschaffen hat, um uns vor ihren Stürmen zu bewahren. Naheliegend ist, dass wir nicht im offenen Wagen durchs Weltall reisen, sondern in einem geschlossenen Coupé. Vielleicht ist das Coupe selbst aus Äther gemacht?

4. Kapitel

Abb. 4: Wir wissen, dass die Lufthülle von der Erde mitgeführt wird, sonst würden allein durch die Erdrotation Windgeschwindigkeiten von ca. 1660 km/h um den Globus toben, die uns nicht nur den Hut vom Kopf, sondern uns ganz fortreißen, würden.
Da die Geschwindigkeit des Ätherwindes insgesamt wahrscheinlich mehr als 2 Millionen km beträgt, scheint es lebensnotwendig, dass die Erde auch den Äther mitführt. Was wiederum undenkbar anmutet, wenn der Äther den gesamten Raum ausfüllt.
Es wird sich zeigen, dass die Dinge etwas komplizierter liegen und die Erdrotation die einzige Ätherbewegungen ist, die auf der Oberfläche nachgewiesen werden kann. Doch ist diese so gering, dass sie deutlich unter der damals erreichbaren Messgenauigkeit von 3 km/s lag. Denn sie beträgt sogar am Äquator, wo sie am stärksten ist, nur knapp 0,5 km/s.

5. Ein Prinzip wird errichtet
Die Konstanz der Lichtgeschwindigkeit, der letzte feste Punkt im Universum

> Die Erfahrung lehrt, daß die Lichtgeschwindigkeit unabhängig von dem Bewegungszustand des Beobachters immer denselben Wert c hat.
>
> Max Born[12]

> Tatsächlich ist eines des Hauptmotive der ganzen Theorie, sicherzustellen, daß die Lichtgeschwindigkeit für alle Beobachter gleich ist, unabhängig von ihrer Bewegung.
>
> Bertrand Russell[13]

Der Aussagegehalt des MICHELSON-MORLEY-Experiments ist immer wieder diskutiert worden, denn mindestens rückblickend wurde es zum Fundament der Relativitätstheorie. EINSTEIN selbst wurde bei der Erarbeitung seiner Ausgangsthese, dass die Lichtgeschwindigkeit im Vakuum konstant sei, möglicherweise weniger durch dieses Experiment, das er in seiner Veröffentlichung von 1905 nicht erwähnt, sondern durch astronomische Beobachtungen bewogen.

Man hat wohl erst später eine gedankliche Verbindung zwischen diesem Experiment und astronomischen Untersuchungen zur Bestimmung der Lichtgeschwindigkeit durch Beobachtung der Jupitermonde hergestellt. Bei diesen Beobachtungen war festgestellt worden, dass das Licht des Jupiters die Erde stets mit der gleichen Geschwindigkeit erreicht, ganz gleich, ob Erde und Jupiter sich auf ihren unterschiedlichen Bahnen annähern oder entfernen. Dieser Beobachtung war die These entsprungen, dass die Lichtgeschwindigkeit *unabhängig von der Bewegung der Quelle und des Beobachters* stets gleich sei.

Durch Verknüpfen dieser Beobachtung mit dem MICHELSON-MORLEY-Versuch kam man nun jedoch zu der These, dass das Licht sich eben gerade *nicht mit konstanter Geschwindigkeit* bewegt. Nur so nämlich war das Licht in der Lage, eine gegebene Strecke mit oder gegen den Ätherwind in gleicher Zeit zurückzulegen. Zu diesem Schluss kam man aufgrund eines Gedankenexperiments, das von dem Sachverhalt ausgeht, dass sich die Sonne mit der Geschwindigkeit von etwa $v = 220$ km/s um

5. Kapitel

das Zentrum der Milchstraße bewegt. Auf ihrer Bahn sendet sie unentwegt Licht nach allen Seiten aus. Nun nahm man an, dass das Licht der Sonne die Erde stets nach der gleichen Laufzeit erreichen würde, egal wo sich die Erde auf ihrer Bahn um die Sonne befände, siehe Abb. 5.

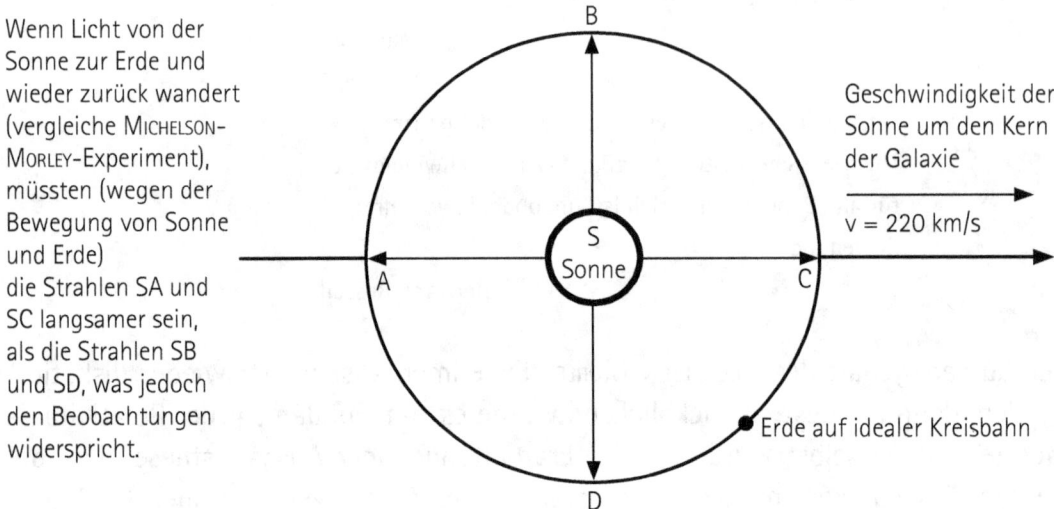

Wenn Licht von der Sonne zur Erde und wieder zurück wandert (vergleiche Michelson-Morley-Experiment), müssten (wegen der Bewegung von Sonne und Erde) die Strahlen SA und SC langsamer sein, als die Strahlen SB und SD, was jedoch den Beobachtungen widerspricht.

Geschwindigkeit der Sonne um den Kern der Galaxie
v = 220 km/s

Erde auf idealer Kreisbahn

Abb. 5: Gedankenexperiment, das die Beobachtung der konstanten Lichtgeschwindigkeit zwischen Jupiter und Erde auf den Versuchaufbau von Michelson und Morley überträgt. Hinsichtlich der Lichtlaufzeiten zwischen Sonne und Erde gibt es jedoch unterschiedliche Aussagen. Gilt für manche, dass die Laufzeit schon nach dem Hinweg (also für SA, SB, SC und SD) gleich ist, meinen andere, dass die Laufzeiten erst nach Hin- *und* Rückweg gleich seien, weil sich erst dann die während des Hinwegs entstandenen Laufzeitunterschiede ausgeglichen hätten.

Nach mechanistischem Verständnis müsste das Licht die Strecken *SAS* und *SCS* wegen des Ätherwindes langsamer durcheilen als die Strecken *SBS* und *SDS*. Denn das Licht, dass zwischen den Punkten *S* und *A* bzw. *S* und *C* hin- und herfliegt, würde zwar in je eine Richtung vom Ätherwind mitgenommen, in der Gegenrichtung dafür aber um so stärker abgebremst, so dass es insgesamt länger unterwegs sein müsste, als das Licht zwischen *S* und *B* bzw. *S* und *D*. Eddington hat für dieses Geschwindigkeitsphänomen ein so exzellentes Rechenbeispiel gegeben, dass hier kein neuer Versuch unternommen werden soll, dieses zu beschreiben, siehe Anhang, S. 144.[14]

Nun haben aber die Beobachtungen der Jupitermonde sowie das MICHELSON-MORLEY-Experiment ergeben, dass das Licht sich in jede Raumrichtung gleich schnell ausbreitet. Nach klassischem Verständnis musste das bedeuten, dass es keinen Ätherwind und folglich auch keinen Äther gab. Nach eben diesem klassischen Verständnis musste es andererseits zwingend einen Äther und durch ihn verursacht die oben beschriebenen Laufzeitunterschiede des Lichts geben. Ein scheinbar unlösbarer Konflikt.

EINSTEIN zerschlug den gordischen Knoten indem er die „Konstanz der Vakuumlichtgeschwindigkeit unabhängig von der Bewegung der Lichtquelle und des Beobachters" *postulierte*, um gerade dadurch ihre theoretisch notwendige Veränderung mathematisch beschreiben zu können. Er erklärte somit die Konstanz der Lichtgeschwindigkeit, weil diese eigentlich *nicht* konstant sein sollte. Er schuf „das *Prinzip* von der Konstanz der Lichtgeschwindigkeit"[15], weil es diese im Grunde nicht geben durfte. Auf der Grundlage dieses Postulats konnte EINSTEIN die *gemessene Konstanz und die erwartete Veränderung* der Lichtgeschwindigkeit durch Einführen der Relativität von Raum und Zeit in theoretische Übereinstimmung bringen. Die postulierte Konstanz war für EINSTEIN also gerade keine faktische Tatsache, sondern eine theoretische Annahme, siehe Eingangszitat, Kapitel 16. EDDINGTON formulierte das wie folgt:

> „Strenggenommen wurde durch den Versuch von MICHELSON und MORLEY nicht unmittelbar bewiesen, daß die Lichtgeschwindigkeit in allen Richtungen konstant ist, sondern nur, daß die Durchschnittsgeschwindigkeit beim Hin- und Hergang für alle Richtungen denselben Wert besitzt. Bei dem Experiment wurden nämlich die Zeiten für einen ‚Hin- und Hergang' verglichen."[16]

Man hoffte also, dass das Licht sozusagen heimlich unterschiedlich schnell gewesen war und seine konstante Geschwindigkeit nur ein Durchschnittswert sei.

Je länger man über die experimentell gemessene Konstanz, die theoretisch erwartete Nichtkonstanz und die gerade deshalb postulierte Konstanz der Lichtgeschwindigkeit nachdenkt, desto wirrer wird einem im Kopf. Warum das alles? Wäre es nicht viel einfacher, den experimentellen Befund als das zu nehmen, was er ist und den Gedanken an einen Äther aufzugeben?

Das Problem um dessen Lösung EINSTEIN rang, war, dass sich die experimentell gemessene Konstanz der Lichtgeschwindigkeit nicht durch die klassische Mechanik erklären ließ. Es war unerklärlich, warum die Bewegung der Lichtquelle sich nicht auf die Bewegung des Lichts übertrug. Es war unerklärlich, warum die Geschwindigkeit der Lichtquelle sich nicht zur Geschwindigkeit der Lichtquanten addierte. Das Phänomen erforderte eine neue Erklärung. Diese suchte man in bisher unerkannten Eigenschaften des Raumes. BORN erklärte:

„Da nun der ... Satz von der Konstanz der Lichtgeschwindigkeit als experimentell ganz sicher gelten muß, so bleibt nichts übrig als ... die Prinzipien der Raum- und Zeitbestimmung, wie sie bisher immer gehandhabt worden sind [fallen zu lassen]. Es muß also in diesen ein Fehler stecken, zum mindesten ein Vorurteil, eine Verwechslung von Gewohnheiten mit Denknotwendigem, jenem bekannten Hindernis jeglichen Fortschrittes."[17]

Das unerklärliche Verhalten des Lichts schien nur durch ein bisher unbekanntes Verhalten des Raumes erklärbar. PAULI sieht das von BORN erwähnte Vorurteil in der Nutzung eines unzureichenden Bezugssystems. Die *wahre* Bewegung des Lichts lässt sich offenbar nicht in GALILEIschen Koordinaten beschreiben.

„Von einer *universellen* Konstanz der Lichtgeschwindigkeit kann schon deshalb nicht die Rede sein, weil diese nur in den GALILEIschen Bezugssystemen stets denselben Wert c hat. Ihre Unabhängigkeit vom Bewegungszustand der Lichtquelle besteht jedoch auch in der allgemeinen Relativitätstheorie zu recht."[18] [Hervorhebung i.O.]

Der Ausweg aus dem theoretischen Dilemma war also, die gemäß klassischer Mechanik notwendige Abhängigkeit der Lichtgeschwindigkeit von der Bewegung der Quelle und die dadurch notwendigen Geschwindigkeitsänderungen in eine geheime, nichtgalileische Dimension zu verlagern. Genau deshalb mussten Raum und Zeit relativ werden. Die Dynamisierung des Raumes erfolgte also allein aus theoretischem Erklärungsbedarf heraus, weshalb sie ausschließlich als geometrische Änderung der Raumkoordinaten betrachtet wurde. Die Relativitätstheorie benennt somit *keine physikalische Ursache* für das Verhalten des Lichts. Sie beschränkt sich auf die Beschreibung dieses Verhaltens.

Die Relativierung von Raum und Zeit schien in keiner Weise physikalisch determiniert, sondern war eine fiktive Hilfskonstruktion. Deshalb meinte man auch, sie auf keinen Fall als Eigenschaft des Äthers auffassen zu dürfen. Die Relativierung war abstrakt gedacht, nicht konkret physikalisch. Daher erschien es undenkbar, sie einer konkreten physikalischen Struktur, wie dem Äther, als Fähigkeit zuordnen zu können. Aus diesem Grund musste der Äther *physikalisch* aus der Theorie eliminiert werden.

Er wurde von allen seinen Eigenschaften entbunden. Doch damit wurden mehr Probleme geschaffen, als gelöst. Denn, wenn zwei identische Autos mit gleicher Geschwindigkeit unterschiedliche aber gleich lange Wege zurücklegen, wird man aus der Tatsache, das beide gleichzeitig am Ziel ankommen, nicht schließen können, dass alle Autos unter *allen* Bedingungen stets gleich schnell sind.

Anders ausgedrückt, wenn es keinen Äther gibt, *dieser also keinerlei Einfluss auf das Licht ausüben kann*, hat das Licht gar keine Chance auf gleich langen Wegen unterschiedlich schnell zu sein. Licht aus *einer einzigen, ruhenden* Quelle war im Michelson-Morley-Experiment auf verschiedenen, aber *gleich langen Wegen*, die wegen des Fehlens jeglicher Ätherwirkung eben *durch keine höheren Mächte gestört* wurden, gleich schnell gelaufen. Damit war gar nichts bewiesen.

Die Eliminierung des Äthers erzeugte daher neue, bis heute ungelöste Verständnisprobleme hinsichtlich des Verhaltens des Lichts. Ganz abgesehen von der Frage, ob eine Lichtwelle überhaupt ohne Medium schwingen kann, stecken wir tief im Morast eines physikalischen Erklärungsnotstandes. Der Lichtäther droht sich wie Carrolls Grinsekatze[19] vor unseren Augen in Luft aufzulösen. Gibt es ihn wirklich nicht?

6. Der Einstein-Äther
Äther ohne Eigenschaften

> Äther ist ein den ganzen Raum durchdringendes hypothetisches Medium, dessen eigentlich wesentliche Eigenschaft es ist, in der Naturbeschreibung auftretende Fernkräfte auf Nahwirkungskräfte zurückzuführen.
> Brockhaus[20]

> ... der Äther sitzt fest am Raum, d.h. er kann sich überhaupt nicht bewegen.
> Albert Einstein[21]

Wenn sich der Äther auf der Erdoberfläche nicht nachweisen lässt, heißt das nicht notwendig, dass es ihn nicht gibt. EINSTEIN sah sich daher nicht veranlasst die Existenz des Äthers grundsätzlich in Frage zu stellen. Doch hören wir, wie sich EINSTEIN auf seiner am 5. Mai 1920 in Leiden gehaltenen Rede zum Thema „Äther und Relativitätstheorie" äußert:

> „Der nächstliegende Standpunkt, den man dieser Sachlage gegenüber einnehmen konnte, schien der folgende zu sein. Der Äther existiert überhaupt nicht. ... Indessen lehrt ein genaueres Nachdenken, daß diese Leugnung des Äthers nicht notwendig durch das spezielle Relativitätsprinzip gefordert wird. Man kann die Existenz eines Äthers annehmen; nur muß man darauf verzichten, ihm einen bestimmten Bewegungszustand zuzuschreiben, d.h. man muß ihm durch Abstraktion das letzte mechanische Merkmal nehmen, welches ihm LORENTZ noch gelassen hatte."[22]

Das ist so elegant wie genial. Wenn der Äther keine mechanischen Eigenschaften hat, kann das Licht trotzdem seine Wellen in ihm schlagen, womit der elektromagnetischen Wellentheorie genüge getan ist. Gleichzeitig ist man der Frage enthoben, warum die Himmelskörper in diesem Lichtäther nicht ausgebremst werden? EINSTEIN beschreibt den goldenen Mittelweg. Er schafft den Äther nicht ab, sondern beraubt ihn seiner mechanischen Eigenschaften. Damit sind beide Probleme formal aus der Welt geschafft. Das Licht hat ein Fortpflanzungsmedium, das der Bewegung der

Körper jedoch keinen Widerstand entgegensetzt. Alles scheint in Ordnung. Doch warum wird die These von der Nichtexistenz des Äthers mit der Selbständigkeit elektromagnetischer Felder begründet?

> „Die elektromagnetischen Felder sind nicht Zustände eines Mediums, sondern selbständige Realitäten, die auf nichts anderes zurückzuführen sind und die an keinen Träger gebunden sind, genau wie die Atome der ponderabeln Materie."[23]

Wohlgemerkt spricht er hier nicht von elektromagnetischen Wellen, die keines Trägers bedürfen, sondern vom Feld selbst, das eigenständig wie ein Massesystem existieren kann. Doch was ist damit gesagt? Natürlich kann das Wasser ohne Welle existieren, aber gibt es deshalb auch eine Wasserwelle ohne Wasser?

Der Verdacht bestätigt sich. EINSTEIN negiert nicht die mechanischen, sondern die elektromagnetischen Eigenschaften des Äthers. Durch die Gleichsetzung der Begriffe Feld und Welle gelingt es ihm die Notwendigkeit eines Äthers als Medium der elektromagnetischen Wellen aufzuheben.

> „Die elektromagnetischen Felder erscheinen als letzte, nicht weiter zurückführbare Realitäten, und es erscheint zunächst überflüssig, ein homogenes, intropes Äthermedium zu postulieren, als dessen Zustände jene Felder aufzufassen wären."[24]

Indem aus der selbständigen Realität des Feldes die selbständige Realität der Wellen abgeleitet wird, erscheint ein Lichtäther überflüssig. Was für das Feld gilt, wird für die Welle stillschweigend unterstellt. Sind Wellen und Felder dasselbe?

Offensichtlich, denn EINSTEIN schafft im Namen des Feldes das Wellenmedium ab. Damit ist der Äther funktionslos geworden. Doch nun schweben nicht nur die Lichtwellen, sondern auch die Himmelskörper halt- und beziehungslos durchs absolute Nichts. Das gibt neue Probleme und so kehrt der Äther, seiner ursprünglichen Aufgabe als Lichtmedium entbunden und somit jeder physikalischen Eigenschaft ledig, in die Theorie zurück.

> „Den Äther leugnen, bedeutet letzten Endes annehmen, daß dem leeren Raum keinerlei physikalische Eigenschaften zukommen. Mit dieser Auffassung stehen die fundamentalen Tatsachen der Mechanik nicht im Einklang. Das mechanische

> Verhalten eines im leeren Raume frei schwebenden körperlichen Systems hängt nämlich außer von den relativen Lagen (Abständen) und relativen Geschwindigkeiten noch von seinem Drehungszustande ab, der physikalisch nicht als ein dem System an sich zukommendes Merkmal aufgefaßt werden kann. Um die Drehung des Systems wenigstens formal als etwas Reales ansehen zu können, objektiviert NEWTON den Raum. Dadurch, daß er seinen absoluten Raum zu den realen Dingen rechnet, ist für ihn auch die Drehung relativ zu einem absoluten Raum etwas Reales. NEWTON hätte seinen absoluten Raum ebensogut ‚Äther' nennen können ..."[25]

Als Ausbreitungsmedium der elektromagnetischen Wellen wurde der Äther aus der Theorie entlassen, als Bezugssystem für die Bewegung der Massesysteme kehrt er zurück. Er ist zur Geometrie geworden. Doch indem der NEWTONsche absolute Raum mit dem EINSTEINschen (Nicht)Äther angefüllt wird, geschieht etwas sonderbares mit dem Raum. Er wird nicht nur zum MINKOWSKIschen Welt-Raum, also einer vierdimensionalen Raum-Zeit, er bekommt auch magische Fähigkeiten. Er wird zum Träger der unerklärbaren gravitativen Fernwirkungen, indem diese mittels des Raumes zu Nahwirkungen werden.

> „Da der moderne Physiker eine solche [Fernwirkung d.A.] nicht annehmen zu dürfen glaubt, so landet er auch bei dieser Auffassung wieder beim Äther, der die Trägheitswirkungen zu vermitteln hat."[26]

Die Endlichkeit der Lichtgeschwindigkeit verbietet übertragungszeitlose Fernwirkungen, wie sie die Gravitation scheinbar darstellt. EINSTEIN löst diesen Widerspruch, indem er die Gravitation nicht als Feldkraft, sondern als Struktur der Raum-Zeit auffasst. Danach formt Gravitation die Raum-Zeit. Der solcherart verformte Raum lenkt die Bewegung der Körper. Die Himmelskörper werden seitdem nicht mehr durch Kräfte, sondern durch Räume bewegt. Diese neue Raumvorstellung ist die eigentliche Schöpfung EINSTEINS.

MACH war der erste, der dem Äther die Vermittlung von Trägheitswirkungen zugeschrieben hatte. EINSTEIN erhebt diesen MACHschen Äther zum relativistischen Äther.

> „Dieser MACHsche Äther *bedingt* nicht nur das Verhalten der trägen Massen,

sondern *wird* in seinem Zustand *auch bedingt* durch die trägen Massen. Der MACHsche Gedanke findet seine volle Entfaltung in dem Äther der allgemeinen Relativitätstheorie."[27] [Hervorhebung i.O.]

Doch damit entsteht ein neues, ungeheures, ja geradezu unheimliches Problem.

„Der Äther der allgemeinen Relativitätstheorie ist ein Medium, welches selbst *aller* mechanischen und kinematischen Eigenschaften bar ist, aber das mechanische (und elektromagnetische) Geschehen mitbestimmt."[28] [Hervorhebung und Klammern i.O.]

Was hier als Postulat daherkommt, ist eine wissenschaftliche Revolution. Hier werden ganz nebenbei die Grundprinzipien der Physik aufgehoben. Der Äther wird zu einem magischen Stoff, der Kräfte aufnimmt und überträgt, selbst aber keinerlei physikalische Eigenschaften besitzt. Der Äther kann alles und ist nichts. Er überträgt kraftlos Kräfte. Er ist da und gleichzeitig nicht da. Er wird als (Kraft)Feld abgeschafft und als (Wirk)Geometrie wieder eingeführt. Er ist *kein* Medium der Lichtwellen und *lenkt* doch dessen Bahn. Er ermöglicht es dem Licht, seine Geschwindigkeit zu ändern, während diese scheinbar immer konstant bleibt. Gerade seine Nichtnachweisbarkeit im MICHELSON-MORLEY-Experiment haben ihn zu einer „das Geschehen mitbestimmenden" Größe werden lassen.

Dabei wurde aus dem Lichtäther kein Gravitationsäther, sondern ein Ätherraum, der seinen Ausdruck in den LORENTZtransformationen der spezielle Relativitätstheorie und in der Gravitationsfeldgleichung der allgemeinen Relativitätstheorie gefunden hat. Allerdings darf die Tatsache, dass diese elegante Formel auf bisher unübertroffene Weise die Probleme der Himmelsmechanik zu lösen vermag, nicht darüber hinwegtäuschen, dass sie physikalisch gesehen in der Luft hängt. Und so steht die Frage im Raum, warum funktioniert sie so gut, obwohl sie unserem physikalischen Verständnis der Welt zuwider läuft?

Es gilt also nicht, die Formel zu stürzen, es gilt, sie physikalisch zu deuten. EINSTEIN hat die Welt beschrieben, er hinterließ uns die Aufgabe, sie zu erklären.

7. Bizarre Welten
Die Geometrie übernimmt die Herrschaft

[Alice:] „Und es wär' nett von dir, wenn du nicht gar so plötzlich erscheinen und verschwinden würdest. Das macht mich nämlich ganz kribblig."
„Gut!" sagte die Katze und bewerkstelligte ihr Verschwinden diesmal sehr langsam. Es begann mit der Schwanzspitze und endete mit dem Grinsen, das noch eine Weile übrigblieb, nachdem der Rest schon weg war.
Lewis Carroll[29]

Das Lösen der Gleichungen auf dem gedachten Computer folgt mathematischen Regeln, daher wäre eine solche Simulation logisch konsistent, d.h., sie existiert automatisch gemäß unserer Existenzhypothese, gemäß der alles existiert, was logisch konsistent ist.
Andreas Agnotos[30]

Mit der 1900 durch PLANCK begründeten Quantentheorie und der 1905 geschaffenen speziellen Relativitätstheorie wurde die theoretische Physik begründet, eine Physik, die sich bei der Beschreibung der Realität zunehmend auf mathematische Formeln stützt. Hintergrund für diese Entwicklung war das im Kapitel 5 beschriebene Problem, die Elektrodynamik bewegter Körper nicht durch die Gesetze der klassischen Mechanik beschreiben zu können. Deutlich wird das unter anderem durch folgendes Phänomen: Während sich Schall um so schneller ausbreitet, je dichter das Medium ist, das er durchdringt, gilt für Licht genau das Gegenteil.

Während also die Schallgeschwindigkeit in der Luft „nur" 330 Meter pro Sekunde (m/s) beträgt, dagegen im Wasser auf 1490 m/s ansteigt, scheint die Lichtgeschwindigkeit im Wasser geringer zu sein, als in der Luft. Da man Licht jedoch als Welle im Sinne der klassischen Mechanik ansah, meinte man seine Bewegung nach den selben Gesetzen erklären zu müssen.

Dadurch geriet der Lichtäther ins Wanken und wurde schließlich abgeschafft, so dass Licht als eine sich selbstinduktiv ausbreitende Welle ohne Ausbreitungsmedium aufgefasst werden musste. Trotzdem versuchte man, dessen Bewegungsgesetze weiterhin mechanistisch zu erklären. Aus diesem Spannungsfeld erwuchs die Relativitätstheorie.

Sie ermöglichte es, das Problem mathematisch zu lösen, geriet dabei aber in schwerste Konflikte mit den physikalischen Grundannahmen der klassischen Mechanik, denn der Begriff der Kraft wurde gegen eine in gewisser Hinsicht kausalitätsfreie Wirkung eingetauscht. EINSTEIN ersetzte das Feld durch eine innere, „geheime" Geometrie. Das physikalische Kraftfeld wurde zur mathematischen Raumstruktur.

Seitdem hält sich der Wissenschaftler an die Lösbarkeit von Gleichungen[31], und überlässt es der populärwissenschaftlichen Literatur nach physikalischen Erklärungen zu suchen. In der Folge werden die Weltmodelle der Physik immer skurriler, weil jede mögliche Lösung einer Gleichung als reale Möglichkeit der Materie angesehen wird. Aus der Tatsache, dass die relativistischen Gleichungen in einigen Fällen richtige Ergebnisse geliefert haben, wird der Umkehrschluss gewagt, dass *alles* was mathematisch lösbar ist, auch real existiere. Bestätigungen spektakulär anmutender Vorhersagen haben diese Weltsicht verstärkt.

Aus mathematisch notwendigen aber physikalisch unerklärlichen Dimensionen werden Paralleluniversen konstruiert, nein emuliert, d.h. als mathematische Möglichkeiten in Computern durchgespielt. Realität scheint programmierbar. Leben wir in einer Scheinwelt, im Innern eines gigantischen Computers? Oder existieren wir überhaupt nur virtuell, als Illusion eines universellen Träumers? Existieren Wurmlöcher und Zeitschleifen, weil die Mathematiker sie für möglich halten oder leben wir in einer Welt, die sich kausal erklären lässt?

Während die einen immer fantastischere Theorien über die Geburt des Universums und den Tod der Sterne aufstellen, leisten andere immer noch beharrlich Widerstand gegenüber einer Theorie, die das einst von NEWTON errichtete Kausalitätsprinzip verletzt. Ist das der Widerstand der ewig Gestrigen? Ziehen sie gegen die Relativität von Raum und Zeit zu Felde, wie einst die Kirche gegen das heliozentrische Weltbild? Nicht ganz, denn die Kritik kommt teilweise aus den Reihen der Physiker selbst. Die aufgezeigten Widersprüche innerhalb der Theorie provozieren immer wieder Einspruch wider die Theorie. Obwohl beide Relativitätstheorien sich zur Beschreibung physikalischer Phänomen stets neu bewähren, bleiben da einige Merkwürdigkeiten.

8. Magische Geometrie
Geheime Raum-Zeiten und unerklärliche Dimensionen

> Die mathematische Erkenntnis schien sicher, exakt
> und auf die reale Welt anwendbar; überdies kam
> man zu ihr durch reines Denken und konnte dabei auf
> Beobachtungen verzichten. Infolgedessen sah man darin
> ein Ideal, hinter den die alltägliche empirische Erkennt-
> nis zurückblieb. Von der Mathematik ausgehend stellte
> man das Denken höher als die Empfindung, die Intuition
> über die Beobachtung.
>
> Bertrand Russell[32]

> Sie liegen im Bett und sind, sagen wir, 1,50 m groß.
> Jetzt stehen sie auf, und ihre Größe beträgt 75 cm.
> Sie glauben es nicht?
>
> Arthur Stanley Eddington[33]

Rekapitulieren wir den Gedankenbogen, der vom Lichtäther HUYGENS sowie vom Gravitationsäther NEWTONS zum EINSTEINschen Ätherraum führt:

1. Nach klassischem Verständnis benötigen Wellen ein Ausbreitungsmedium. Die scheinbar eigenständige Existenz elektromagnetischer Felder führt zu der These, dass elektromagnetische Wellen kein Medium benötigen.
2. Auch wenn kein Lichtäther existiert, so bedarf es doch eines Gravitationsäthers, der die Bewegung der Himmelskörper lenkt. Da man jedoch meint, ein solcher Äther müsse zwangsweise die Bewegungen der Himmelskörper abbremsen, was jedoch nicht feststellbar ist, scheint auch kein Gravitationsäther zu existieren. Somit kann der Äther auch aller mechanischer Eigenschaften entbunden werden. Der Raum ist endgültig leergefegt.
3. Da Himmelskörper durch Gravitationskräfte gelenkt werden, bleibt die Frage, wie diese übertragen werden, was zwei Problemkreise beinhaltet: Wer überträgt diese Kräfte, wenn weder Überträgerteilchen, noch ein stoffloser Äther vorhanden sind? Wie übertragen sich die Kräfte, wenn das Licht von der Sonne zum Pluto bis zu 5½ Stunden braucht, ihre Gravitationswirkung NEWTON zufolge aber jederzeit *ohne Zeitverzögerung* feststellbar sein soll?

EINSTEINS Ätherkonstrukt scheint in der Lage, all diese Probleme zu lösen. Sein nichtphysikalischer, abstrakt-geometrischer Äther kann wirken, ohne zu stören, und so genau die Aufgaben übernehmen, die ihm zugedacht werden, ohne Fragen hinsichtlich seines Wirkens aufzuwerfen, die man nicht beantworten kann. Doch der Verzicht auf eine physikalische Erklärung physikalischer Vorgänge macht die Theorie zum Stolperstein.

Dieser Mangel an Erklärungskraft hat inzwischen Schule gemacht. Da die Relativitätstheorie in der Lage ist, auch ohne physikalische Erklärung Probleme wie die durch NEWTONS Gleichungen nicht berechenbare Verschiebung des Perihelpunktes des Merkur[34] zu lösen, hat sie zweifellos ihre mathematische Überlegenheit bewiesen. Doch deshalb NEWTONS Kausalitätsprinzip als veraltet zu betrachten, heißt, das Kind mit dem Bade auszuschütten.

Aufgrund der mathematischen Überlegenheit der EINSTEINschen Theorie in der Physik generell nur noch auf Mathematik zu setzen, scheint langfristig kein tragfähiges Konzept zu sein. EINSTEIN selbst war sich, gerade wegen ihrer physikalischen Mängel, des Provisorischen seiner Theorie durchaus bewusst, denn 1918 schreibt er:

„Mögen wir aus der Natur nach dem Gesichtspunkt der Einfachheit einen Komplex herausheben, wie wir wollen, nie wird seine theoretische Behandlung sich endgültig als zutreffend (genügend) erweisen. NEWTONS Theorie z.B. stellt das Gravitationsfeld scheinbar vollständig dar durch das Potential φ. Diese Beschreibung erweist sich als ungenügend; es treten die Funktionen $g_{\mu\nu}$ an die Stelle. Aber ich zweifle nicht, dass einmal der Tag kommen wird, an dem auch diese Auffassungsweise einer prinzipiell anderen wird weichen müssen, aus Gründen, die wir heute noch nicht ahnen."[35]

Der blinder Fleck, die Kausalitätslosigkeit der Relativitätstheorie, hat nicht zuletzt EINSTEIN selbst während seiner lebenslangen Suche nach der allgemeinen Feldtheorie, genarrt. Wo keine Kräfte wirken, die zwischen oben und unten, Masse und Raum, Raum und Licht vermitteln, bleibt jeder Versuch einen *Zusammenhang* zwischen diesen Erscheinungsformen der Materie zu beschreiben, erfolglos.

Die Suche nach der universellen Feldtheorie muss daher bei der Suche nach physikalischen Erklärungen der mathematischen Beschreibungen beginnen. So ist zu klären, welche Kraft das Licht in der Nähe schwerer Massen auf welche Weise vom geraden Weg abbringt. Dazu müssen wir den EINSTEINschen Raum inspizieren.

8. Kapitel

Immer wenn über diesen Raum geschrieben wird, liest man von der vierdimensionalen Raum-Zeit. Auch von gekrümmten Räumen oder gekrümmten Raum-Zeiten wird berichtet. Zunächst sind ein vierdimensionaler Raum und ein gekrümmter Raum nicht notwendig identisch.

Die Mathematik gekrümmter Räume geht auf RIEMANN zurück und meint zunächst nur die Wahl eines nichtkartesischen (nichtrechtwinkligen) Koordinatensystems (dazu später mehr). Das Konzept des vierdimensionalen Raumes, d.h. die Verknüpfung der Zeitkoordinate mit den drei Richtungskoordinaten geht auf MINKOWSKI zurück. Wenn nun dieser vierdimensionale und gekrümmte Raum dadurch illustriert wird, dass schwere Massen wie Himmelskörper, Dellen und Trichter in die Raumzeit drücken, ist das eine Irreführung. Man liest dann oft, dass diese Dellen sehr wohl irgendwie da, nur für uns dreidimensionale Wesen eben nicht erkennbar sind, da sie nur in der vierten, nichtgalileischen Dimension existieren. Doch sind diese Dellen nicht dem Wirken der Zeit als vierter Dimension, sondern der Existenz eines „Raumes" im Raum geschuldet. Die relativistischen Gebirge sind Produkte einer zusätzlichen Geometrie.

Wenn die Beschleunigung eines Planeten in Sonnennähe dadurch illustriert wird, dass der Planet in der Nähe der Sonne in ein angeblich von ihrer Masse erzeugtes Tal rollt, wodurch er an Geschwindigkeit gewinnt, die er beim Berg-Heraufrollen dann wieder verliert, so dass er sich beim Entfernen von der Sonne erneut verlangsamt, arbeitet dieses Bild mit zwei ineinander verschachtelten gekrümmten Räumen, die als nur einer ausgegeben werden.

Die tatsächlich vorhandene Raumkrümmung äußert sich in der Planetenbahn. Der Planet fliegt nicht auf einer Geraden an der Sonne vorbei, sondern um sie herum. Seine Bahn wird durch die Gravitation der Sonne gekrümmt. Das Tal, das die Sonne angeblich durch ihre Masse im Raum erzeugt, ist eine *zweite*, rein theoretische Raumkrümmung, die nichts mit der Krümmung der Planetenbahn und nichts mit der vierten Dimension zu tun hat.

Die Verwirrung hierüber setzte bereits mit MINKOWSKI ein. Dieser führte die vierte Dimension im Rahmen eines Vortrag, den er am 21. September 1908 in Köln hielt, quasi mit einem Paukenschlag in die Welt der Wissenschaft ein, indem er gleich zu Beginn verkündete:

„Von Stund an sollen Raum für sich und Zeit für sich völlig zu Schatten herabsinken, und nur noch eine Art Union der beiden soll Selbständigkeit bewahren."[36]

Im Laufe des Vortrags präzisiert er dann:

„Gegenstand unserer Wahrnehmung sind immer nur Orte und Zeiten verbunden. Es hat niemand einen Ort anders bemerkt, als zu einer Zeit, eine Zeit anders als an einem Orte."[37]

Soweit so gut, doch wenn er erklärt:

„Hiernach würden wir dann in der Welt nicht mehr den Raum, sondern unendlich viele Räume haben, analog wie es im dreidimensionalen Raume unendlich viele Ebenen gibt,"[38]

dann greift er zwar den kommenden Theorien über Paralleluniversen vor, überschätzt aber das Wesen der vierten Dimension. Die Zeit ist eine gerichtete physikalische Größe, die unweigerlich in eine Richtung läuft. D.h. die Raum-Zeiten der Zeiträume t_1, t_2, t_3 etc. existieren nicht gleichzeitig, sondern nur nacheinander. *Es existieren nicht unendlich viele Räume, sondern unendlich viele Erscheinungsformen des einen gemeinsamen Raumes.* Denn an jedem Weltpunkt des Universums zeigt der gemeinsame Welt-Raum ein je eigenes Gesicht.

Sehen wir zum Sternenhimmel auf und machen uns bewusst, dass wir dort Objekte und Strukturen an Orten und in Zuständen sehen, die sie vor Millionen oder Milliarden Lichtjahren innehatten, entsteht die Illusion der Gleichzeitigkeit unterschiedlicher Räume zu unterschiedlichen Zeiten. Doch das ist gerade nicht der Fall. *Niemals sehen wir ein Objekt gleichzeitig in seinem Zustand vor beispielsweise 1 Milliarde und 5 Milliarden Jahren.* Wir sehen in ein Raum-Zeit-Kontinuum hinein. Wir können den Raum jedoch nur in diesem *einen* Kontinuumzustand sehen, *weil dies der Zustand des Raumes ist, der auf uns wirkt.* Nicht der jetzige Standort der Andromedagalaxie beeinflusst die Bewegung der Milchstraßengalaxie, sondern eben nur der Tausende Lichtjahre zurückliegende Standort, den wir jetzt sehen. *Der Raum verändert sich durch die Bewegung von Massen in ihm, doch diese Veränderung wirkt erst mit der Zeit.*

So ändert die Erkenntnis, dass es im Raum unendlich viele Zeitebenen gibt, nichts daran, dass es nur *einen* universellen Zeit-Raum gibt. In diesem breiten sich Licht und Gravitationswirkung mit gleicher, endlicher Geschwindigkeit aus. Da die sichtbaren Veränderungen im Raum das einzige Anzeichen für den Fluss der Zeit

8. Kapitel

sind und die gravitativen Wirkungen der Himmelskörper seit Einstein als eine Wirkung des Raumes aufgefasst werden, ändern sich Aussehen und Wirkung des Raumes gleichermaßen. Weil Gravitation und Licht sich offensichtlich gleich schnell ausbreiten, sind auch Raum und Zeit untrennbar verbunden.

Das Konzept eines vierdimensionalen Raumes besagt somit nur auf neue, umfassendere Weise, dass man nicht zweimal in den selben Fluss steigen kann. Der Raum, der uns umgibt, verändert sich mit der Zeit. Er ist kein statischer Raum. Er besteht, wie Minkowski feststellte, aus unendlich vielen Zeitebenen. Doch bilden erst alle diese Ebenen zusammen den vierdimensionalen Raum. Man kann die Zeitebenen nicht trennen. Sie bilden keine eigenständigen Räume, sondern sind Teil des sie alle umfassenden Weltraumes.

Unsere eigene Endlichkeit, unsere lokale Begrenztheit hindern uns, den unendlich vielgestaltigen Raum in seiner Vollständigkeit zu erfassen. Alles was wir wahrnehmen können, ist ein Teil des Ganzen. Lage und Zustand unseres Raum-Zeit-Punktes innerhalb der Welt-Raum-Zeit bestimmen das Bild, das wir vom Universum wahrnehmen. Die Relativität dieses Ausschnitts ist durch die konkreten Bedingungen unseres Standpunkts bestimmt. Je mehr es uns gelingt, diese in ihrer Relativität zu erfassen, desto mehr können wir die Komplexität des Ganzes begreifen. Doch das uns sichtbare Raumbild, bleibt für die Erde das einzig relevante. Das Raum-Zeit-Kontinuum, dass wir sehen, ist genau der Raum, der auf uns wirkt, optisch und gravitativ.

Dieser Raum braucht Zeit, um seine Veränderung an uns weiterzugeben. Genauso brauchen wir Zeit, diesen Raum zu durchqueren. Darum werden wir fremde Raumbereiche niemals in ihrem, von unserem Raumpunkt aus erkennbaren Zustand erreichen. Eine Reise ist daher niemals eine Reise in die Vergangenheit, sondern stets nur eine Reise in die Gegenwart eines anderen Raumpunktes. Kehren wir dann von der Reise zurück, wird der Zeitpunkt unserer Rückkehr niemals vor dem unseres Abflugs liegen. Wir können die Zeit nicht überlisten, weil wir den Raum nicht überlisten können. Denn wir können nicht schneller reisen, als die Gravitation sich ausbreitet. Wir können keine Zeitsprünge machen, weil wir uns durch das Kontinuum der Raum-Zeit bewegen müssen. Zeit ist nur ein Maß für Veränderung, und dieses Maß wurde durch Minkowski fest an den Raum gekettet.

Doch Einsteins Revolutionierung des Raumverständnisses geht über die Verwendung der Zeit als vierter Dimension hinaus. Er verbindet den Minkowskischen mit dem Riemannschen Raum zum gekrümmten, vierdimensionalen Weltraum. Dabei hat er unter dem Deckmantel der Inauguration, ja der Inthronisation, der hochamtlichen Einführung dieses vierdimensionalen *und* gekrümmten Raumes in den Tempel der Wissenschaft, *zusätzlich* einen Vektorraum geschaffen.

Da die beiden Raumkonzepte in der populärwissenschaftlichen Literatur zu einem verwirrenden Nebelteppich verwoben wurden, ist bisher nicht aufgefallen, dass in dessen Falten ein Findelkind in den Welt-Raum eingeschleust wurde. Denn während sich der Riemann-Raum nur äußerlich krümmt und eine Kugel oder ein Ellipsoid bildet, beginnt sich der Einstein-Raum auch innerlich zu krümmen. Was gebiert er da? Er erzeugt unsichtbare Täler und Trichter in einem sogenannten nichtgalileischen Koordinatensystem. Durch Verwendung hoher Mathematik wird so eine Krümmung im Innern des gekrümmten Raumes erzeugt.

Da die Zeitkoordinate zugleich mit den *beiden* Raumkrümmungen inthronisiert wurde, hat man der Zeit die Rolle des Akteurs hinsichtlich der unsichtbaren, inneren Raumkrümmung zugewiesen. Seitdem wird die vermeintlich geheimnisumwitterte vierte Dimension in science-fiction-Filmen stets durch das anschwellende Vibrato der Geigen angekündigt. Doch liegt hier ein schwerwiegender Irrtum vor. Die Zeit ist — wie die Geometrie, auf die sie angeblich einwirkt nur eine abstrakte Größe. *Mit* der Zeit werden wir vielleicht in der Lage sein, Berge zu versetzen, doch vermag die Zeit *selbst* keine Täler in den Raum zu graben. Trotzdem wurde der Zeit genau diese Rolle theoretisch zugewiesen, denn angeblich ist gerade die vierte, nichtgalileische Dimension für die *innere* Krümmung des Raumes verantwortlich.

Doch so real die äußere Krümmung des Raumes ist, so fiktiv ist die innere. Denn so offensichtlich die Planeten auf gekrümmten Bahnen um die Sonne wandern, so wenig rollen sie in Sonnennähe ein Tal hinab, um ihre Geschwindigkeit bei Annäherung an das Zentralgestirn zu erhöhen. Während die durch die Riemannschen Koordinaten beschriebene Raumkrümmung also konkret ist, ist die durch die Tensoren bzw. Vektoren beschriebene innere Raumkrümmung eine mathematische Hilfskonstruktion. Ehe wir uns fragen, was diese Mathematik physikalisch beschreibt, soll der im Rahmen der Relativitätstheorie mehrdeutig verwendete Begriff des gekrümmten Raumes entwirrt werden.

Ausgangspunkt der Debatte um die gekrümmten Räume ist die Geometrie Euklids. Wir wollen hier nicht die Jahrhunderte lange Diskussion um dessen fünftes Postulat — das Dreieckstheorem — aufrollen[39]. Wir beschränken uns darauf, deutlich zu machen, dass die Euklidische Geometrie nur für ebene Flächen und rechtwinklige Räume gilt. Nur in der Ebene gilt das fünfte Postulat, das besagt, dass die

8. Kapitel

Winkelsumme eines Dreiecks 180° beträgt.

Solange man diese Geometrie zur Landvermessung auf der Erde nutzte, war sie völlig hinreichend, denn die Felder konnte man durchaus als Ebenen betrachten, auch wenn ein Blick aus dem Weltall erkennen lässt, dass es sich auch beim kleinsten, scheinbar geometrisch ebenen Feld nur um einen winzigen Ausschnitt aus einer riesigen Kugeloberfläche handelt.

Zwar können wir nicht, wie der kleine Prinz, unseren Stuhl ein wenig weiter rücken, um sofort den nächsten Sonnenuntergang zu erleben, aber wir könnten der Sonne hinterher fliegen und würden dabei, wenn wir ihr 24 Stunden folgen, wieder zu Hause ankommen. Wir leben auf der Erdkugel, deren Oberfläche nur aus der Nähe betrachtet wie eine Ebene erscheint. Der Begriff der Ebene, der von der Beschaffenheit einer Schreibtischplatte abgeleitet wurde, taugt nicht für die Astronomie. Im Universum gibt es keine derartigen Ebenen.

Wie unpraktisch die Euklidische Geometrie zur Beschreibung himmlischer Räume ist, wird deutlich, wenn wir uns vorstellen, wir würden zu einem Würfelplaneten reisen. Aus der Ferne betrachtet wäre dieser hervorragend durch ein kartesisches Koordinatensystem zu beschreiben.

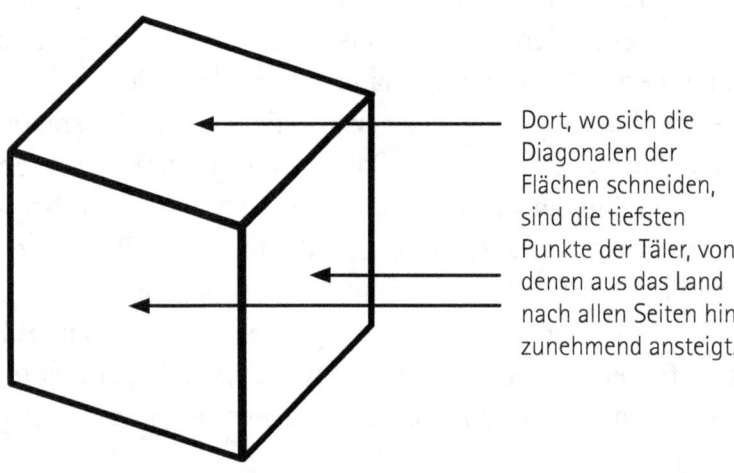

Dort, wo sich die Diagonalen der Flächen schneiden, sind die tiefsten Punkte der Täler, von denen aus das Land nach allen Seiten hin zunehmend ansteigt.

Abb. 6: Blick auf den Würfelplaneten vom Raumschiff aus. Er scheint durch kartesische Koordinaten hervorragend beschreibbar zu sein.

Nach der Landung würden uns die Euklidischen Ebenen jedoch wie gigantische Täler erscheinen, siehe Abb. 7. Das mathematisch Flache wirkt gravitativ gekrümmt, denn eine landschaftliche Ebene ist dadurch gekennzeichnet, dass sie keine Höhenunterschiede aufweist, das folglich alle Punkte einen gleichen Abstand vom Mittelpunkt des Planeten aufweisen.

Abb. 7: So erschiene uns der Würfelplanet nach der Landung. De facto gibt es auf ihm keine einzige Ebene. Die Kanten des Würfels erweisen sich als Bergsättel und die Ecken als Gipfel gigantischer Berge. Was geometrisch gerade erscheint, ist gravitativ gekrümmt.

Die Gravitation ändert unsere Raumwahrnehmung radikal. Durch sie sind alle realen, astronomischen Räume nur mit Kugelkoordinaten oder elliptischen Koordinaten sinnvoll zu beschreiben. Ein kartesisches Koordinatensystem erweist sich nicht nur als umständlich, sondern als verwirrend. Denn die geometrischen Ebenen sind nicht identisch mit den realen, gravitationsneutralen Ebenen der Landschaft. Die EUKLIDische Geometrie liefert ein völlig verzerrtes Bild der Realität, da eine Ebene im Koordinatensystem tatsächlich als eine mit *wachsender* Steigung sich erhebende Gebirgsfläche erscheint.

Daher ist es sinnvoll kartesische oder GALILEIsche Koordinaten durch RIEMANNsche zu ersetzen. Genauso sinnvoll ist es die Zeit als vierte Koordinate den drei Raumkoordinaten zuzuordnen. Denn so wie die Gravitation eine Kugeloberfläche als Ebene erscheinen lässt, lässt die zeitverzögerte Gravitationswirkung den sichtbaren Weltraum als einzig wahren erscheinen.

Gelänge es uns einen Standpunkt im Universum einzunehmen, von dem aus wir alle Himmelsobjekte an dem Ort sähen, an dem sie sich im Augenblick befinden, entspräche dieses Bild genauso wenig unserer gravitativen Raumerfahrung, wie uns eine Seite des Würfelplaneten als eben erscheint. Denn plötzlich befänden sich Himmelskörper an Orten, wo wir sie aufgrund ihrer Gravitationswirkung nicht erwarten.

Die Wahl eines vierdimensionalen, gekrümmten Koordinatensystems ist somit zunächst nicht mehr, als die Wahl einer sinnvollen mathematischen Sprache zur Beschreibung gravitativ geformter Räume. Da alle erkennbaren Strukturen im Universum gravitativ bedingt sind, liegt es nahe, zur Beschreibung der Welt eine entsprechende Geometrie zu wählen.

Das Bemühen, die Welt der Himmelskörper mathematisch zu erfassen, zwang die Wissenschaft die Perspektive des rechtwinkligen Labors aufzugeben. Doch *diese* Krümmung ist nicht gemeint, wenn wir von gekrümmten Räumen sprechen. Sie ist lediglich der Grund, warum andere als kartesische Koordinaten gewählt wurden, um die Welt zu beschreiben.

Erst die LORENTZtransformationen der speziellen Relativitätstheorie und die Tensoren der allgemeinen Relativitätstheorie erzeugen im Raum jene inneren *fiktiven* Krümmungen, die das neue Raumkonzept EINSTEINS ausmachen. Erst durch sie gelingt es, eine mathematisch funktionierende Theorie der Elektrodynamik bewegter Körper zu schaffen. Die neue Beschreibung der Welt bedient sich nicht nur einer neuen geometrischen Sprache, der Mathematik RIEMANNS UND MINKOWSKIS, sondern zugleich auch neuer Elemente – der LORENTZtransformationen bzw. der Tensoren. Verwirrend ist nur, dass beide Neuerungen (Sprache und Element) unter einem gemeinsamen Etikett verkauft werden – dem gekrümmten Raum.

Mit den *LORENTZtransformationen sowie den Tensoren schuf EINSTEIN mathematische Beschreibungen von physikalischen Kraftfeldern.* Gleichzeitig aber wurde der Begriff Kraft durch Geometrie ersetzt. Damit wurde das, was mathematisch beschrieben wurde – die Wirkung eines Kraftfeldes im Raum – physikalisch geleugnet. Genau hierin liegt die mathematisch Stärke und die physikalische Schwäche der Theorie.

Magische Geometrie

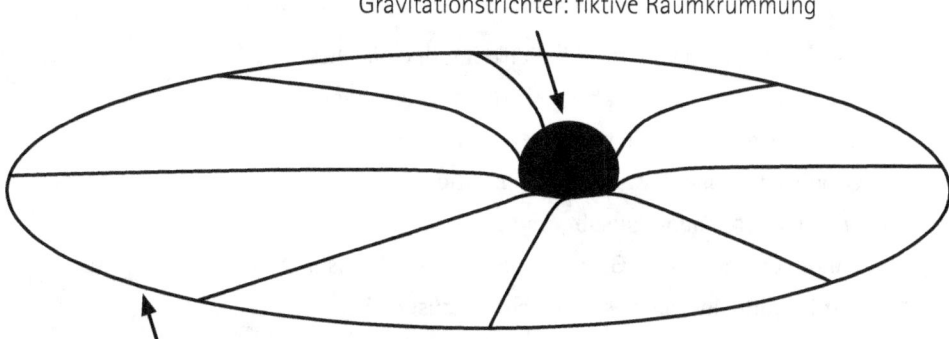

Abb. 8: Die Planetenbahn ist sichtbarer Ausdruck der realen Raumkrümmung infolge der Gravitationskraft einer Zentralmasse.
Der sogenannte Gravitationstrichter, den eine Masse (z.B. die Sonne) in die Raumzeit drückt, ist eine fiktive Krümmung; eine Krümmung, die nur eine *mathematische Versinnbildlichung* der Relativität des Raumes ist.

Die Kraftfelder kommen in der speziellen und allgemeinen Relativitätstheorie in sehr unterschiedlicher Sprache daher und scheinen auch physikalisch völlig anders begründet zu sein. Doch es gibt nur einen Raum und eine Zeit, daher muss es auch eine gemeinsame physikalische Erklärung der beiden unterschiedlichen Raumkonzepte geben. Wenn wir den gemeinsamen Ursprung der beiden scheinbar unterschiedlichen Raumgeometrien finden wollen, müssen wir zunächst untersuchen, was genau diese Geometrien beschreiben.

9. Zeitschleifen und Schleichwege
Die Geometrie des schlaffen Zeit-Raumes

> Das Abstrahieren von der Wirklichkeit, ohne welches wir zu keiner wissenschaftlichen Kenntnis gelangen, bietet die zwiefache Gefahrseite dar, daß wir 1. in Gedanken trennen, was eine gegenseitige Wechselwirkung aufeinander ausübt, und 2. unseren Schlüssen Voraussetzungen zum Grunde legen, deren wir uns nicht klar bewußt sind, sie deshalb nicht auszusprechen vermögen und dann für allgemeingültig halten, was doch nur unter diesen Bedingungen gültig ist.
>
> Johann Heinrich von Thünen[40]

> Charakteristisch für ihn [EINSTEIN d.A.] bleibt wie in der ersten Theorie zweierlei: Er lässt sich von eigenartigen relativistischen Grundgedanken leiten, und er vermeidet die Annahme eines körperlichen Aethers als Weltuntergrund. Der körperliche Aether wird im Anschluss an H. MINKOWSKI ganz im Sinne von NEWTON ersetzt durch einen Weltuntergrund, der aus Raum und Zeit gebildet wird.
>
> Emil Wiechert[41]

Um die mechanisch nicht erklärbare Bewegung des Lichts unter die Gesetze der klassischen Mechanik zu zwingen, schuf EINSTEIN die spezielle Relativitätstheorie, indem er das von LORENTZ entwickelte Konzept der Längenkontraktion und Zeitdilatation aufgriff und zur Theorie einer relativistischen Raum-Zeit ausbaute.

Das Prinzip besteht darin, dass die gemessene Konstanz der Lichtgeschwindigkeit und die *nicht gemessene, aber als existent angenommene Relativbewegung zwischen Erde und Äther* durch eine gedachte Kontraktion des Raumes (Längenkontraktion) sowie eine Dehnung der Zeit (Zeitdilatation) in Übereinstimmung gebracht werden.

Raum und Zeit müssen den Konflikt zwischen Realität und Theorie ausgleichen, weshalb sie im Spannungsfeld zwischen den Gesetzen der klassischen Mechanik und den realen Lichtbewegungen relativistisch „windig" werden. Raum und Zeit führen seitdem mindestens theoretisch die Veränderungen aus, die das Licht ausführen müsste, um den mechanistischen Gesetzen zu genügen. Dieses Konzept bringt Bewegung in den Raum.

Stellen wir uns vor, wir fahren auf einer Autobahn und alle Autos haben ihre Scheinwerfer an. Hunderte Autos bewegen sich mit unterschiedlichen Geschwindigkeiten relativ zueinander. Da für jedes Auto die messbare Lichtgeschwindigkeit jedes Scheinwerfers jedes anderen Autos gleich sein soll, muss sich die Raum-Zeit nun aufs mannigfaltigste verrenken. Denn sie muss all die Laufzeitunterschiede des Lichts, die nötig wären, damit dieses den mechanistischen Gesetzen genügt, ausgleichen.

Rast ein Auto auf der Gegenbahn scheinbar auf uns zu, muss die Raum-Zeit sich dehnen, damit dessen Licht nicht zu schnell bei uns ankommt. Überholen wir hingegen einen LKW mit hoher Geschwindigkeit muss die Raum-Zeit sich zusammenziehen, damit sein Licht uns nicht zu spät erreicht. Denn nach den mechanistischen Gesetzen müsste sich die Geschwindigkeit des Lichts des uns entgegen kommenden Autos aus der Lichtgeschwindigkeit c und der Geschwindigkeit des Auto v addieren, also $c + v$ betragen und damit größer als die Lichtgeschwindigkeit sein. Das Licht des LKW's hinter uns, müsste uns hingegen mit der Geschwindigkeit $c - v$ nacheilen, und sich damit langsamer als mit Lichtgeschwindigkeit bewegen.

Da die Geschwindigkeiten der Autos gegenüber der Lichtgeschwindigkeit verschwindend gering sind, ist real gar nicht nachweisbar, ob das Licht den Gesetzen der klassischen Mechanik oder denen der Relativitätstheorie folgt. Sollte es jedoch der Relativitätstheorie folgen, müsste die Raum-Zeit sich entsprechend relativistisch verhalten. Wir haben dann einige Mühe, uns die Raumverknäulungen vorzustellen, die sich zwischen den Autos bilden.

Gerade überholt ein BMW eine Ente auf der Gegenspur. Wenn das Licht beider Fahrzeuge uns zeitgleich erreichen soll, muss das Licht des rasenden BMW durch die Raum-Zeit stärker verzögert werden, als der zeitgleich ausgesandte Lichtstrahl der trägen Ente. Wenig später überholen wir einen Käfer, wobei hinter uns schon ein Porsche drängelt. Während wir uns wieder rechts einordnen, befinden sich die Scheinwerfer des Käfer und des Porsche einen Augenblick gleich weit von uns entfernt. Und obwohl der Porsche rast und der Käfer gemütlich dahin fährt, erreichen uns ihre Lichtstrahlen zeitgleich, weil das Käferlicht eine Abkürzung durch die Raum-Zeit nimmt, während das Porschelicht einer Geschwindigkeitsbegrenzung unterliegt.

9. Kapitel

Vor dem Licht scheinen alle gleich zu sein. Denn ganz gleich, ob der Scheinwerfer rast oder langsam fährt, uns entgegenstürzt oder hinterherhinkt, das Licht bleibt davon unbeeindruckt und erreicht uns aus jeder beliebig bewegten Quelle mit gleicher Geschwindigkeit. Die Raum-Zeit muss dafür den Sklavendienst tun und jede Relativgeschwindigkeit zwischen Quelle und Beobachter ausgleichen. Man sieht förmlich, wie Bummelschleifen und Rennstrecken die Raum-Zeit beuteln.

Die einzige Regel, der diese Raum-Zeit gehorchen muss, ist die, die Lichtgeschwindigkeit für jeden beliebigen Beobachter konstant erscheinen zu lassen. Jedes Auto hat das gleiche Recht auf gleich schnelle Bestrahlung. Jedes Auto – jeder bewegte Körper – bilden so gewissermaßen ein eigenes Inertialsystem, dessen Dimension und Uhrzeit vom eigenen Bewegungszustand abhängen.

Der Begriff Inertialsystem ist genauso mehrdeutig wie die Konstanz der Lichtgeschwindigkeit. Im Grunde ist damit nur ein völlig kräftefreies System gemeint, dass es jedoch nicht gibt und wie später gezeigt werden wird, auch nicht geben kann. Wir meinen damit also einfach ein gegenüber der Umgebung bewegtes Massesystem.

Da es kein bevorzugtes Inertialsystem gibt, gibt es auch keine absolute Zeit und keinen absoluten Raum mehr. Jedes Inertialsystem besitzt einen eigenen Raum und eine eigene Zeit. *Raum und Zeit werden zu körpereigenen und bewegungsabhängigen Größen.*

Dabei können wir die Veränderungen der Raumdimensionen nicht messen. Denn alle Maßstäbe ändern sich mit der Änderung des Raumzustandes. Sie vollführen die Dehnung und Streckungen des Raumes mit. Daraus ergibt sich das vermeintliche Paradoxon, dass wir ein Flugzeug, das sehr schnell an uns vorbeifliegt, als kürzer wahrnehmen würden (wenn wir es ob seiner Geschwindigkeit überhaupt wahrnehmen könnten), als es in Ruhe erscheint, während die Passagiere im Flugzeug theoriegemäß keine Verkürzung feststellen können. Allerdings sind die Veränderungen selbst bei den größten irdischen Geschwindigkeiten sehr gering, so dass wir sie nicht messen können.

Die Längenkontraktion ist also nicht nachweisbar. Ist sie deshalb ein Phantasieprodukt und nur das Ergebnis einer Rechenaufgabe? Solange wir keine physikalische Erklärung für dieses Phänomen haben, können wir diese Frage nicht beantworten.

Sicher ist jedoch, dass sich die Zeitdilatation, die aus der gleichen Grundthese folgt, nachweisen lässt, wie im Kapitel 16 gezeigt wird. Dieser Nachweis, der erst nach Einsteins Tod gelang, gilt als Beweis der Richtigkeit nicht nur der Zeitdilatation, sondern auch der Raum- bzw. Längenkontraktion. Die mathematischen

Aussagen der Theorie wurden damit bestätigt. Der Raum scheint sich also durch Bewegung von Körpern unentwegt zu verformen.

Wenn aber jedes Inertialsystem gleichwertig ist, wenn es also keinen gemeinsamen Raum gibt, in dem sich zwei unterschiedliche Inertialsysteme bewegen, bzw. wenn dieser gemeinsame Raum vollkommen leer ist, was wird dann durch die Bewegung der Körper gedehnt oder gestaucht? Wie kann es zu einer Längenkontraktion, zu einer Zeitdilatation kommen? Wie kann der Gang der Uhren beeinflusst werden, wenn in dem Raum nichts ist, was auf die Uhren wirken kann?

Theoriegemäß ist der relativistische Raum vollkommen leer, der Äther eigenschaftslos. Doch es muss etwas in diesem Raum geben. Etwas, das Kräfte übertragen und so Wirkungen hervorrufen kann.

10. Raumkrümmungen
Die Geometrie des starren Wirk-Raumes

> Die Masse der Sonne krümmt die Raumzeit dergestalt, daß sich die Erde, obwohl sie in der vierdimensionalen Raumzeit einem geraden Weg folgt, im dreidimensionalen Raum auf einer kreisförmigen Umlaufbahn zu bewegen *scheint*. [Hervorhebung d.A.]
>
> Stephen Hawking[42]

> Der Mathematiker braucht diese Beweise nicht alle im einzelnen durchzugehen. Er weiß, daß die vollständige Kompensation mit den Grundgesetzen der Natur unlösbar verknüpft ist und daher in jedem Falle eintreten muß.
>
> Arthur Stanley Eddington[43]

Während der Raum der spezielle Relativitätstheorie durch die sich in ihm bewegenden Körper verformt werden kann, besitzt der Raum der allgemeinen Relativitätstheorie die Fähigkeit, so starke Strukturen auszubilden, dass Himmelskörper durch ihn gelenkt werden. *Ursache ist hier nicht die Geschwindigkeit, sondern die Masse.* Die Massen drücken jene Täler in den Raum, die im Kapitel 8 bereits als fiktive Raumkrümmungen erkannt wurden.

EDDINGTON sah durchaus, dass dabei Kräfte am Werk sind. Kräfte, die in das leere, natürliche Koordinatensystem eine abstrakte Geometrie von Bergen und Tälern hineinschreiben.

„Eine Kraftfeld stellt demnach die Diskrepanz zwischen der natürlichen Geometrie eines Koordinatensystems und der ihm willkürlich zugeschriebenen abstrakten Geometrie dar."[44] [Hervorhebung i. O.]

Doch ist er der Ansicht, dass dieses Kraftfeld letztlich nur eine Illusion unseres Geistes ist.

„Ein Kraftfeld entsteht also demnach aus einer bestimmten Einstellung unseres

Geistes. Wenn wir unser obiges Koordinatensystem nicht falsch interpretieren, so gibt es kein Kraftfeld."[45]

Physikalisch ist das ungeheuerlich. EINSTEIN selbst wurde nicht müde seine Bedenken zu formulieren.

> „Es bestehen gegen diese gewohnte Auffassung zwei schwerwiegende Bedenken. Erstens nämlich widerstrebt es dem wissenschaftlichen Verstande, ein Ding zu setzen (nämlich das zeiträumliche Kontinuum), was zwar wirkt, auf welches aber nicht gewirkt werden kann ...
> Zweitens aber weist die klassische Mechanik einen Mangel auf, der direkt dazu auffordert, das Relativitätsprinzip auf relativ zueinander ungleichförmig bewegte Bezugsräume auszudehnen. Das Verhältnis der Massen zweier Körper ist nämlich in der Mechanik auf zwei prinzipiell verschiedene Weisen definiert, nämlich erstens als das reziproke Verhältnis der Beschleunigung, welche ihnen gleiche bewegte Kräfte erteilen (träge Masse), zweitens als das Verhältnis der Kräfte, welche auf sie in demselben Schwerefeld ausgeübt werden (schwere Masse). Die Gleichheit der ganz verschieden definierten schweren Masse und trägen Masse ist eine höchst genau konstatierte Erfahrungstatsache (EÖTVÖSscher Versuch), für welche die klassische Mechanik keine Erklärung hat. *Es ist aber klar, daß die Wissenschaft erst dann einer derartigen numerischen Gleichheit voll gerecht geworden ist, wenn sie jene numerische Gleichheit auf eine Gleichheit des Wesens reduziert hat.*"[46] [Hervorhebung d.A.]

Was hat das Problem der Unerklärlichkeit der faktischen Gleichheit der schweren (unbewegten) und trägen (bewegten) Masse mit der Relativität des Raumes zu tun? Auf der Gleichsetzung diese beiden Massen, dem sogenannten Äquivalenzprinzip, ruht die allgemeine Relativitätstheorie, so wie die spezielle auf dem Postulat der Konstanz der Lichtgeschwindigkeit basiert.

EINSTEIN benennt hier den Kern des Problems. Wenn es gelänge zu erklären, warum die schwere und die träge Masse *wesensmäßig gleich* ist, ließen sich spezielle und allgemeine Relativitätstheorie als zwei Seiten einer Medaille erkennen. Denn dann könnten die, in der speziellen Relativitätstheorie durch *Bewegung* von Massen hervorgerufenen Raumveränderungen, als wesensgleich mit den, in der allgemeinen Relativitätstheorie durch die *Existenz* von Massen hervorgerufenen

10. Kapitel

Raumveränderungen, angesehen werden.

Eine Erklärung der Wesengleichheit von schwerer und träger Masse würde es folglich möglich machen Zeitdilatations- und Längenkontraktionseffekte der speziellen Relativitätstheorie und Gravitationseffekte der allgemeine Relativitätstheorie auf *eine* Ursache zurückzuführen. Dadurch wäre es möglich, beide Raumkonzepte zu einem zu vereinen. Ein Schritt auf dem Weg zu einer umfassenden Feldtheorie. Was also sind schwere und träge Massen?

11. Massezunahme oder Gewichtssorgen
Das Wesen der schweren und trägen Masse

> Man muß sich fragen: sind die Naturgesetze so beschaffen, daß sie durch die Wahl irgendwelcher besonderen Koordinaten keine wesentliche Vereinfachung erfahren?
> Daß unser Erfahrungssatz von der Gleichheit der trägen und schweren Masse es nahelegt, auf diese Frage mit ja zu antworten, sei nur beiläufig erwähnt.
>
> Albert Einstein[47]

> Aber seither habe ich bei dem Versuch, die Prinzipien der Mechanik selbst gründlich zu erforschen, um von den Naturgesetzen, die uns die Erfahrung lehrt, Rechenschaft zu geben, erkannt, daß das alleinige In-Betracht-Ziehen einer *ausgedehnten Masse* nicht ausreicht und daß man auch den Begriff der *Kraft* anwenden muß, der sehr verständlich ist, obwohl er zum Bereiche der Metaphysik gehört. [Hervorhebung i.O.]
>
> Gottfried Wilhelm Leibnitz[48]

Um die mögliche Wesensgleichheit träger und schwerer Masse erklären zu können, muss zunächst geklärt werden, was Masse überhaupt ist. Die Frage klingt banal, führt aber schon bald in die größte Verwirrung. NEWTON erklärt:

> „Die Schwere kommt allen Körpern zu, und ist der in jedem enthaltenen Menge der Materie proportional."[49]

Für NEWTON scheint die Masse die „Menge der Materie" zu sein, während er die Schwere als etwas eigenständiges, der Masse jedoch proportionales ansieht. Da die Masse eines Körpers, sprich die Menge an Materie sich nicht ändert – da wir den Fundamentalsatz der Physik von der Erhaltung der Masse nicht in Frage stellen! – muss mit schwerer und träger Masse etwas anderes gemeint sein. Sonst wäre schon die Frage nach einem eventuellen Unterschied zwischen beiden absurd. Denn wenn die Masse an sich unveränderlich ist, ändert auch das Beiwort schwer oder träge nichts an dieser Unveränderlichkeit. Bei schwerer und träger Masse kann es sich also offensichtlich nicht um die Menge an Materie handeln.

Der Konflikt entsteht, weil „Masse" auf zwei unabhängige Arten definiert ist. So wird die träge Masse aus der Kraft hergeleitet, die nötig ist, einen Körper zu beschleunigen. Sie bezeichnet also den *Trägheitswiderstand*, den eine bestimmte Masse der Änderung ihres Bewegungszustandes entgegensetzt. Die schwere Masse wird dagegen als *Anziehungskraft* definiert, die ein Körper durch einen anderen erfährt und auf diesen ausübt. Zur Veranschaulichung seinen hier die beiden Formeln angegeben.

Beschleunigungskraft F_B: $\qquad F_B = m_{träge} \cdot a \qquad$ (1)
(a = Beschleunigung)

Anziehungskraft F_A: $\qquad F_A = (G \cdot m_{Erde} \cdot m_{schwer})/r^2 \qquad$ (2)
(an Stelle von m_{Erde} kann eine beliebige andere Masse eingesetzt werden)

G ist die Gravitationskonstante, die durch Newton ermittelt wurde und
r ist der Abstand zwischen den Mittelpunkten der beiden sich gegenseitig anziehenden Massen.

Nachdem umfangreiche Versuche Galileis und anderer zur Erkenntnis geführt hatten, dass (bei Ausschluss der Wirkung des Luftwiderstandes) die Beschleunigungskraft, unabhängig vom Material des zu beschleunigenden Körpers ist, blieb die Frage, ob auch m_{schwer} nur von der Masse und nicht von Materialart, Gestalt und/oder Dichte eines Körpers abhängig sei. Erst wenn dieses gesichert wäre, ließen sich $m_{träge}$ und m_{schwer} gleich setzen. Man musste daher untersuchen, ob die Anziehungskraft, die ein Körper ausübt bzw. erfährt ausschließlich von seiner Masse abhängt, ob gleich schwere Körper unterschiedlicher Materialien stets gleich anziehend wirken.

Der Nachweis der quantitativen Äquivalenz wurde 1909 von Eötvös erbracht, wofür er den ersten Preis der Benekeschen Stiftung der Universität Göttingen erhielt.[50] Er testete u.a. Platin, Kupfer, Holz und Glas, wobei er eine von ihm selbst wesentlich verbesserte Drehwaage benutzte, mit der Unterschiede in der Anziehungskraft auf 9 Stellen hinter dem Komma genau bestimmt werden konnten. Es ließen sich keine feststellen. Und so war das Newtonsche Gravitationsgesetz (Gleichung 2) umfassend bestätigt.

Massezunahme oder Gewichtssorgen

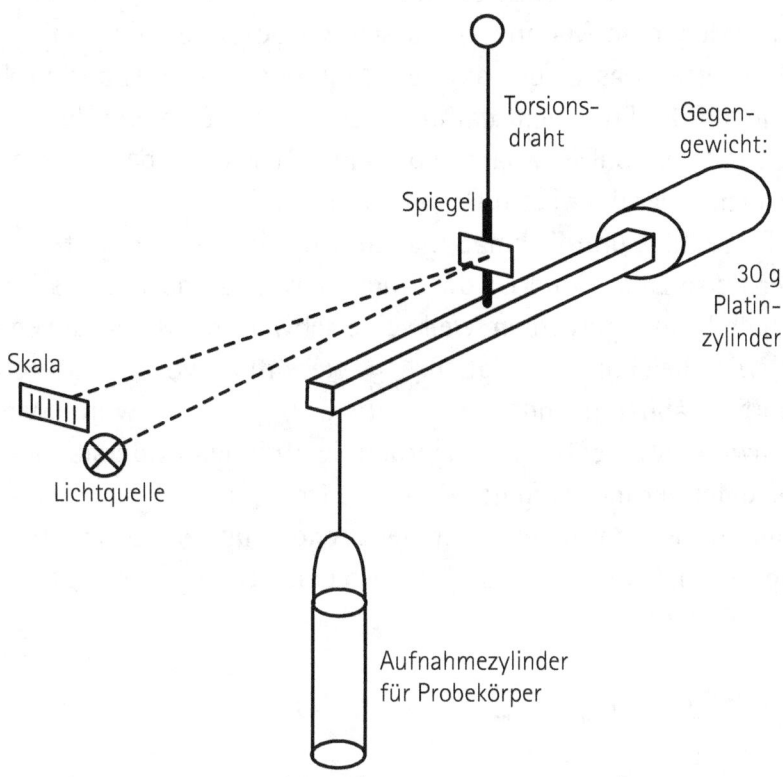

Abb. 9: Prinzip der Eötvösschen Drehwaage. Die horizontale Auslenkung des Waagbalkens wurde mittels Lichtstrahl an einer Skala abgelesen. Durch Vergrößerung des Abstandes der Skala vom Torsionsdraht konnte die Messgenauigkeit wesentlich erhöht werden.

Damit hatte Eötvös nicht eigentlich die Gleichheit der trägen und schweren Masse nachgewiesen, sondern die Unabhängigkeit der schweren Masse von Materialart und Gestalt, womit der Beweis erbracht war, dass die gravitative Anziehung ausschließlich von der *Menge* an Materie abhängt. Einstein errichtete auf der Grundlage dieses Experiments das Äquivalenzprinzip der Gleichheit von schwerer und träger Masse. Doch gilt es wirklich unter allen Bedingungen?

Bekannt ist, dass sich der Trägheitswiderstand ($m_{träge}$) abhängig vom Schwerkraftfeld ändert. So besitzt das gleiche Massestück auf dem Mond nur noch 1/6 seines irdischen Trägheitswiderstandes, da sein Gewicht auf 1/6 gesunken ist. Ist parallel dazu auch die schwere Masse kleiner geworden?

11. Kapitel

Wenn wir m_{schwer} als das betrachten, was wir auf einer Balkenwaage messen — eine bestimmte Menge an Materie — müssen wir bekennen, dass m_{schwer} gleich geblieben ist. Dass unser Massestück auf dem Mond genauso viel auf die Balkenwaage bringt, wie auf der Erde, liegt daran, dass auch das Eichmaß der Waage an Gewicht verloren hat. Die Balkenwaage gibt somit Auskunft über die Massekonstanz der Probe, nicht aber über ihren Gewichtsverlust.

Doch beide, Probestück und Eichmaß, haben offensichtlich an Materiewirkung verloren. Mit der Reise zum Mond ist der Trägheitswiderstand unseres Probekörpers gerade deshalb kleiner geworden, weil seine schwere Masse gesunken ist. Die aber sank, weil, wie Gleichung 2 zeigt, m_{schwer} wesentlich von der Materiemenge des Bezugskörpers abhängt. Indem m_{Erde} durch m_{Mond} ersetzt wurde, verlor der Prüfkörper an schwerer Masse. Die Verringerung des Trägheitswiderstandes ($m_{träge}$) erscheint als Folge der Verringerung des Gewichts (m_{schwer}).

Das Masse nur relativ wahrnehmbar ist, geht schon aus der NEWTONschen Gravitationsgleichung hervor. Schwere „Masse" ist also eine Scheingröße, stets abhängig von der Masse der Bezugsmasse.

$$m_{schwer, Körper} = (r^2 \cdot F_A) / (G \cdot m_{schwer, Himmelskörper}). \qquad (3)$$

Beide Massen geben sich somit erst gegenseitig Gewicht. Während die Balkenwaage überall eine konstante Menge an Materie ausweist, lässt sich der Gewichtsverlust auf einer Federwaage und der entsprechende Schwerkraftverlust mittels Drehwaage feststellen. Da parallel zum Gewichtsverlust auch der Trägheitswiderstand abnimmt, erweist sich das Äquivalenzprinzip als allgemein gültig.

Gerade die synchrone Veränderung von träger und schwerer Masse, wirft die Frage nach dem Ursprung beider Massen wie ihrer Veränderlichkeit auf. Nach NEWTON muss man „gleichartigen Wirkungen dieselben Ursachen zuschreiben"[51]. Gibt es also eine Wesensgleichheit von schwerer und träger Masse?

Das auch der Trägheitswiderstand eine relative Größe und abhängig vom lokalen Schwerkraftfeld ist, leuchtet als Gedanke aus der Gleichung der Fallbeschleunigung hervor. Diese besagt nämlich, dass die Fallbeschleunigung *g, die* eine Zentralmasse *ZM* auf einen Körper ausübt, von der Geschwindigkeit *v* abhängt, mit der der Trabant *Tr* die Zentralmasse umkreist.

Die Gleichung lautet wie folgt, wobei r_{ZM} der Radius des Zentralkörpers und r_a der Bahnradius des Trabanten sind:

$$g_{ZM} = v_{Tr}^2 \cdot (r_a / r_{ZM}^2) \qquad (4)$$

Für gewöhnlich wird die Gleichung in der Form:
$$g_{ZM} = 4\pi^2 \cdot r_a^3 / (T^2 \cdot r_{ZM}^2) \qquad (5)$$

geschrieben. Doch kann man $4\pi^2 r_a^2/T^2$ zu v_{Tr}^2 zusammenfassen, weil $4\pi^2 r_a^2$ das Quadrat des Kreisumfanges der Bahn, also der Weg, und T die Umlaufzeit des Trabanten ist.

Da die Erde für den Mond die Zentralmasse darstellt, um die er als Trabant kreist, folgt aus der Gleichung, dass die Fallbeschleunigung, die die Erde auf den Mond ausübt nicht das Resultat *ihrer* Masse, sondern *seiner* Umlaufgeschwindigkeit zu sein scheint. Das ist verblüffend, denn da wir seit GALILEI wissen, dass die Fallbeschleunigung der Erde auf jeden irdischen Körper gleichermaßen wirkt, fragt sich, wie die Fallbeschleunigung der Erde von der *Bewegung* des Erdtrabanten, nicht aber von der *Masse* der Erde selbst abhängen kann?

Da NEWTON zweifelsfrei nachgewiesen hat, das Masse die Ursache von Fallbeschleunigung ist, ergab sich für die Physik der Schluss, dass Masse und Umlaufgeschwindigkeit einander bedingen. Doch die Umlaufgeschwindigkeit des Mondes um die Erde ist nicht einfach Folge der Erdmasse, sondern Resultat der Erdanziehung. Diese Anziehungskraft zwingt dem Mond eine bestimmte *Fluchtgeschwindigkeit* auf. Doch wenn die Erdanziehung ihren Ursprung nicht ausschließlich in der Masse der Erde hat, woher kommt sie dann?

So wie die Mondgeschwindigkeit Folge der Erdanziehung ist, ist die Erdanziehung selbst erst auch Folge des Erdumlaufs um die Sonne. *Das Gewicht der Erde wird durch die Bewegung der Erde um die Sonne bestimmt. Das Gewicht der Erde ist das Produkt ihrer Masse und ihrer Beschleunigung.* So wie die Fallbeschleunigung der Erde dem Mond eine Fluchtgeschwindigkeit aufzwingt, so zwingt die Fallbeschleunigung der Sonne der Erde eine Fluchtgeschwindigkeit auf. Diese Fluchtgeschwindigkeit erzeugt erst die schwere Masse der Erde und damit ihre Anziehungskraft. Bewegung, also die Überwindung des Trägheitswiderstandes, ist Voraussetzung für die Schwere. Wie andererseits Schwere Voraussetzung für die Existenz eines Trägheitswiderstandes ist. Schwere und träge Masse sind untrennbar miteinander verbunden. Bewegung erzeugt Schwere und Schwere erzeugt Trägheit. Die Fallbeschleunigung der Erde ist also selbst nur Folge ihrer (fallbeschleunigten) Bewegung um die Sonne.

Schwere und träge „Masse" sind daher nicht nur äquivalent infolge ihrer quantitativen Gleichheit, sondern sie sind wesensgleich, da sie einander erst hervorbringen. Sie sind zwei Seiten einer Medaille. So wie ein schwächeres Umgebungsschwerkraftfeld (wie das des Mondes) schwere und träge „Masse" gleichermaßen verringert, so erhöht die Geschwindigkeit eines Körpers sein Gewicht und damit zugleich schwere und träge „Masse".

Newton erkannte zwar bereits, das Masse und Gewicht proportional, nicht aber identisch sind. Doch das die objektiv gegebene Masse stets nur relativ als Gewicht wahrnehmbar ist, geht zwar aus der Gleichung der schweren Masse (2) hervor, war jedoch ein Gedanke, dessen Konsequenz der klassischen Mechanik fremd blieb. Das Trägheitswiderstand ($m_{träge}$) wie auch Anziehungskraft (m_{schwer}) stets *nur* umgebungsabhängiges Gewicht sind, schien undenkbar, nachdem man gerade die Unveränderlichkeit der Masse erkannt hatte. Der Satz von der Erhaltung der Masse hätte wohl nie zu einem Grundstein, ja zu einer Fundamentplatte der Physik werden können, wenn man zur gleichen Zeit bereits die ausschließlich relativistische Wahrnehmbarkeit von Masse als Gewicht erkannt hätte.

Dem von Einstein errichteten Äquivalenzprinzip liegt also eine Newtonsche Wesensgleichheit zugrunde. Gewicht ist Folge des Umgebungszustand und wird letztlich erst durch den Raum erzeugt. *Gewicht ist Raumwiderstand.* Der Raumdruck erzeugt Schwere und Trägheit, während die Bewegung der Masse gleichzeitig Raumdruck erzeugt.

Die Unklarheit über das Wesen von schwerer und träger „Masse" schlug sich in der Wahl unklarer Begriffe nieder. Es zeigt sich, dass beide Begriffe Synonyme für Gewicht sind. Das Gewicht seinerseits ist Ausdruck des Raumdruckes, jenes Druckes, der auch Zeitdilatation und Längenkontraktion erzeugt. Raumdruck ist eine Wirkung des Äthers, eine messbare Erscheinungsform, jener Kraft, die nun bei seinem physikalischen Namen genannt werden soll.

II. Teil — Neue Antworten

Vorschläge zur Lösung der Widersprüche und Grundgedanken zur Zwei-Felder-Theorie

12. Gravitation — Welle und Feld
Der blinde Fleck oder
das fehlende Bindeglied zwischen den Phänomenen

>Die erste Kategorie ist die Gravitation. Diese Kraft
>ist universell, das heißt, jedes Teilchen spürt die
>Schwerkraft.
>
>Stephen Hawking[52]

>Würde man die Massen aus dem Raum — der als
>vierdimensionales raum-zeitliches Kontinuum zu
>verstehen ist — entfernen, so verschwände gleichzeitig
>der Raum selbst.
>
>Dieter B. Herrmann[53]

Eötvös' Arbeiten mit der Drehwaage haben bewiesen, dass im Raum Kräfte wirken. Die Nutzung der Drehwaage in der Geodäsie basierte darauf, dass Gravitation nicht nur eine geometrische Struktur, sondern eine physikalisch messbare Größe ist. Was hindert uns, dieses real wahrnehmbare Feld vom Status einer mathematischen Beschreibung in den einer physikalischen Kraft zu erheben?

>„Rekapitulieren wir jetzt in Kürze die wichtigsten Etappen unserer neuen Herleitung der Gesetze der Mechanik und der Gravitation. Wir richten dabei unsere Aufmerksamkeit auf den Welttensor $T_{\mu\nu}$ ... Es fragt sich, wie man diesen Tensor in der Natur wiederfindet — welchen Namen der Beobachter seinen Komponenten beilegt."[54]

Die von Eddington als Welttensor bezeichneten Größe aus der Gravitationsfeldgleichung der allgemeinen Relativitätstheorie, ist die Matrix des Gravitationsfeldes. Zwar hielt es Einstein für seinen „glücklichsten" Gedanken, die Gravitation als Scheinkraft erkannt zu haben[55], ähnlich wie Newton es für die Zentrifugalkraft tat. Doch beruht die Gültigkeit seiner Gravitationsfeldgleichung letztlich darauf, dass die *Kraft* zwar keinen Namen mehr hat, aber als Matrize mathematisch berücksichtigt wurde. Einstein wusste, dass es sich bei dem „Welttensor" um eine Feldmatrix handelt.

12. Kapitel

> „Um diesen Gedanken im Rahmen der modernen Nahwirkungslehre durchzuführen, mußte die trägheitsbedingende Eigenschaft des raumzeitlichen Kontinuums allerdings als *Feldeigenschaft des Raumes analog dem elektromagnetischen Felde* aufgefaßt werden, wofür die Begriffe der klassischen Mechanik kein Ausdruckmittel boten."[56] [Hervorhebung d.A.]

Die Eliminierung des Kraftbegriffes - durch halbherziges Ersetzen des Feldes durch Geometrie — erfolgte aus unterschiedlichsten Gründen. Neben den in Kapitel 5 genannten Gründen geschah es auch, weil man sich einerseits ein Feld kosmischer Größe nicht vorstellen und andererseits die Kraftübertragung innerhalb dieses Feldes nicht mechanistisch erklären konnte.

Im Kapitel 6 wurde beschrieben, dass Fernwirkungen bereits innerhalb des Sonnensystems als nicht vorstellbar galten, da Gravitation als eine Kraft gedacht wurde, die wie mechanische Kräfte nur durch direkte Vermittlung eines stofflichen Mediums übertragbar schien.

Nun wurde zwar im Kapitel 8 gezeigt, dass es keine Sofortwirkung von Gravitation gibt. Doch selbst eine Ausbreitung mit Lichtgeschwindigkeit wäre mit einem stofflichen Überträgerteilchen nicht möglich, weil wir keins kennen, was diese Grenzgeschwindigkeit erreicht. Daher wird es nicht an einem Mangel an Nachweistechnik liegen, wenn das theoretisch gedachte Graviton, bis heute nicht gefunden wurde, obwohl der Raum davon erfüllt sein müsste. Genauso wurde auch nie ein „Magneton" entdeckt, das als Überträger magnetischer Feldkräfte fungieren müsste.

Es stellt sich also die Frage, ob Gravitation eine Kraft im mechanischen Sinn ist, die zu ihrer Übertragung eines stofflichen Überträgerteilchens bedarf? EINSTEIN gestaltet seine scheinbar rein geometrische Gravitationsmatrix „analog dem elektromagnetischen Felde". Folgen wir physikalisch dieser mathematischen Beschreibung, dann erscheint es naheliegend, Gravitation als eine dem Elektromagnetismus ähnliche Feldstruktur aufzufassen. Es muss dann angenommen werden, dass diese wie jene ohne stoffliche Mittlerteilchen Kräfte übertragen kann.

Es wäre daher denkbar, dass Gravitationsfelder, nachdem sie einmal in endlicher Geschwindigkeit aufgespannt wurden, als Raumstruktur solange unverändert bleiben, bis fremde Massen sich durch den so geschaffenen Raum bewegen und diesen Raum durch ihre Bewegung lokal verändern. Gravitationswirkungen wären dann als lokale Wechselwirkungen zwischen der lokal vorhandenen Raumfeldspannung und der sich durch diesen Raum bewegenden fremden Masse denkbar. So kann jede gravitative Wirkung als Nahwirkung erklärt werden. Das Gravitationsfeld der Sonne würde als bestehende Raumstruktur eine fortwährende Raumspannung erzeugte, die als lokale Kraft auf die Planeten wirkt. Für einen solchen theoretischen Ansatz sind weder Überträgerteilchen noch Fernwirkung als Erklärungshilfen nötig.

Das Gravitationsfeld könnte als eine Art stehende Welle gedacht werden. Es würde, wenn keine anderen Kräfte und Felder vorhanden wären, zuschwingen, wird jedoch durch das Vorhandensein anderer Massen und Felder und deren Bewegung gegeneinander aufgespannt gehalten. Die Bewegungen der Planeten erscheinen so als Kräfte, die das Sonnenfeld offen halten. Der Impuls der Gravitationswelle sich zusammenzuziehen, wird als Anziehungskraft spürbar, dem durch die Fluchtbewegungen der Trabanten entgegengearbeitet wird.

Da nicht nur NEWTON davon ausgeht, „dass diese Kraft [die Gravitation d.A.] der ganzen Kugel aus den Kräften ihrer Theilchen zusammengesetzt ist"[57], ließe sich nun auch eine Synthese zwischen Mikro- und Makrokosmos wagen. Gravitation kann als Wesenseigenschaft der Elementarteilchen selbst verstanden werden. Die Materiewellen der subatomaren Welt können als Gravitationswellen betrachtet werden, die untrennbar mit den Masseteilchen verbunden sind und folglich die Welle zum Teilchen bilden.

Der Welle-Teilchen-Dualismus der Elementarteilchen ließe sich so als Einheit von Teilchenmasse und zugehöriger Gravitationswelle auffassen. Die subatomare Struktur der Wellenteilchen wäre dann nur ein Abbild der makroskopischen Struktur der Himmelskörper. Die subatomare Materie- bzw. Gravitationswelle wäre die Urform des makroskopischen Gravitationswellenraums. Damit wäre ein Weg eröffnet, ein Grundproblem der Physik gedanklich zu lösen, die scheinbare Unvereinbarkeit der makroskopischen und mikroskopischen Erscheinungsform von Materie. Der Welle-Teilchen-Dualismus und die Masse-Raum-Struktur ließen sich als ein- und dasselbe Phänomen erklären.

Gravitation ist dann als Urkraft der Materie erkennbar, die bereits jedem Elementarteilchen anhaftet und keines weiteren Mittlers bedarf. Es wäre dadurch physikalisch erklärbar, warum Anziehungskraft eine Eigenschaft der Menge an Materie, unabhängig von deren Gestalt ist. Der Gravitationsraum bildet dann nichts als die Summe der elementaren Gravitationsfelder. Diese Feldkraft bindet die Elementarteilchen genauso wie die Himmelskörper.

Mit dem Gravitationsfeld wäre auch ein einheitlicher Lichtäther gegeben, da dieses Feld innerhalb und außerhalb der Körper existiert, so dass erklärlich wäre,

12. Kapitel

wie Licht gleichermaßen den vermeintlich leeren Raum und — abhängig von seiner Wellenlänge — jede Art von Körper durchfliegen kann. Wenn das Gravitationsfeld zugleich als Lichtäther aufgefasst wird, muss die Ablenkung des Lichts als Interaktion zwischen Schwerkraftfeldern und Photonen erklärbar sein. Lichtablenkung in der Nähe schwerer Massen muss dann prinzipiell den gleichen Gesetzen folgen, wie die Lichtbrechung beim Übergang eines Lichtstrahls aus einem Medium in ein anderes.

Bevor man nach einer komplizierten Lösung sucht, gilt es die einfachste Möglichkeit zu prüfen. Und die besteht darin, den Äther als Gravitationsfeld aufzufassen. So wenig wie ein Magnetfeld durch wägbare Masse und stoffliche Mittlerteilchen erklärbar ist, so real ist es doch zugleich. So wie Magnetismus als die körperbildende Kraft verstanden werden kann, ließe sich Gravitation als raumbildende Kraft auffassen.

Wenn man bedenkt, dass das, was wir makroskopisch als feste Körper wahrnehmen, im wesentlichen aus „Nichts" besteht, da zwischen den Elementarteilchen, verglichen mit deren Größe enorme, durch *Feldkräfte* geschaffene, Räume bestehen, wird vielleicht vorstellbarer, dass auch der kosmische Raum das Resultat einer gigantischen Feldkraft sein kann.

Würde man die Erdmasse all ihrer Hohlräume berauben und die Masseteilchen, aus denen sie besteht, vollständig zusammenpressen, so bliebe von der Erde kaum mehr als ein Fingerhut übrig. Der Rest ist das vermeintliche Nichts. Doch kommt diesem „Nichts" offensichtlich eine enorme Bedeutung zu, da es so viel Raum einnimmt. Es ist scheinbar dieses Nichts, dass das Wesen unserer Welt ausmacht. Die wesentlichste Substanz in der Welt, die aus einem Fingerhut reiner Masse die fantastische Größe und Vielfalt unserer Welt bildet, scheint etwas unfassbares zu sein. Es sind Feldkräfte, die im Innern der Körper wirken. Es sind Gravitationsfelder, die, außerhalb der Massen, die Bewegungen der Himmelskörper lenken.

Wir wissen, dass ein Magnetfeld reale Kräfte übertragen, und z.B. Eisen entgegen der Schwerkraft heben kann, ohne das eine stoffliche Kraftübertragung stattfindet. Wir können diese Kraft spüren, wenn wir den Eisennagel festhalten, während wir den Magneten an ihm vorbei führen. Und Gravitation, die viel stärkere Kraft, jene Kraft, die alles auf der Erde zusammenhält, diese Kraft soll bloße Geometrie sein?

Da Gravitation überall im Raum vorhanden ist, und wir einen Raum ohne sie im Grunde nicht denken können, erscheint es naheliegend, den Raum selbst als Gravitationsfeld zu betrachten. Das würde bedeuten, dass eventuelle Grenzen der

Felder die Grenzen des Raumes bilden würden. Allerdings würde jede Masse ihren eigenen Raum schaffen, so dass die Größe des Raumes letztlich von der Verteilung der Massen abhinge. Ein leerer Raum wäre nicht vorstellbar, wofür es allerdings auch keinerlei Anzeichen gibt. Eine solche Raumvorstellung mag KANT noch völlig undenkbar gewesen sein, da er schrieb:

„Der Raum ist eine notwendige Vorstellung, a priori, die allen äußeren Anschauungen zugrunde liegt. Man kann sich niemals eine Vorstellung davon machen, daß kein Raum sei, ob man sich gleich ganz wohl denken kann, daß keine Gegenstände darin angetroffen werden."[58]

Doch so wie der absolute Raum NEWTONS von EINSTEIN durch den relativistischen Raum ersetzt wurde, ließe sich die Relativität des Raumes nun physikalisch dadurch erklären, dass er überhaupt nur als Feld existiert, weshalb jede Änderung der Feldstruktur zwangsweise eine Änderung des Raumes bewirkt. Ein derartiges, mittlerloses Kraftfeld erfüllt dabei vollständig das Prinzip der Nahwirkung.

Wir kennen Gravitation als Anziehungskraft zwischen zwei Massen. Wir wissen jedoch, dass jede Masse eine wesenseigene, gravitative Wirkung besitzt. Denkbar ist daher, dass Gravitation ein monopolares Feld ist, das von *einem* Massepunkt ausgeht. Dieses Feld kann dabei ähnlich einem elektromagnetischen Feld gedacht werden, nur dass es eben nicht zwischen zwei Magnetpolen aufgespannt wird, sondern von nur einem Massepol erzeugt wird. Die Anziehungskraft zwischen zwei Körpern ergibt sich dann folgerichtig als Resultat der Interaktion ihrer Gravitationsfelder. Diese quasistationären Wellenfelder halten ihre Feldspannung solange konstant, bis Änderungen durch sich im Feld bewegende Massepunkte zu lokalen Änderungen der Raumspannung führen. Feld und Raum bleiben im Sinne EINSTEINS synonym. Der „fest am Raum sitzende Äther" ist das raumbildende Gravitationsfeld.

Gravitation als Raumfeld zu denken, bedeutet jedoch mehr, als der abstrakten Geometrie der Tensoren einen physikalischen Namen zu geben. Es hat Auswirkungen auf unsere Vorstellung von der Bewegung der Körper.

13. Gravitationsäther, Einheit von Raum und Kraft
Die selbstinduktive Bewegung

> Welche Phantasie gehört dazu, die Bewegung der
> Planeten um die Sonne oder des Mondes um die Erde als
> ein „Fallen" aufzufassen, das nach denselben Gesetzen
> und unter der Wirkung derselben Kraft vor sich geht,
> wie der Fall eines Steines aus meiner Hand!
>
> Max Born über Newton[59]

> Die gegenwärtige Relativitätstheorie beruht auf einer
> Spaltung der physikalischen Realität in metrisches Feld
> (Gravitation) einerseits und elektromagnetisches Feld
> und Materie andererseits. In Wahrheit dürfte das Raum-
> erfüllende von einheitlichem Charakter sein und die
> gegenwärtige Theorie nur als Grenzfall gelten.
>
> Albert Einstein[60]

Gegen die Vorstellung, Gravitation als reale Struktur im Raum zu betrachten, sprach außer den im Kapitel 12 erwähnten und als nichtig erkannten Vorbehalten der Gedanke, dass eine solche Struktur nur als stofflicher Äther denkbar schien. Man nahm an, dass ein stofflicher Äther der Bewegung der Himmelskörper einen Widerstand entgegen setzten müsste. BORN formuliert den Einwand so:

„Ein gewichtig erscheinender Einwand gegen die elastische Lichttheorie ist der, daß ein den Weltenraum erfüllender Äther von der großen Steifigkeit, die er als Träger der raschen Lichtschwingungen haben muß, der Bewegung der Himmelskörper, besonders der Planeten, einen Widerstand entgegensetzen müßte. Die Astronomie hat aber niemals Abweichungen von den NEWTONschen Bewegungsgesetzen gefunden, die auf einen solchen Widerstand hindeuten könnten."[61]

Nun wurde bereits gezeigt, dass ein Gravitationsäther nicht notwendig stofflich gedacht werden muss, da auch ein Magnetfeld keine stoffliche Struktur besitzt. Trotzdem ist zu fragen, ob nicht auch eine Feldstruktur einen Raumwiderstand bilden kann? Da das Gravitationsfeld sogar den ruhemasselosen Lichtquanten einen

Widerstand derart entgegenzusetzen vermag, dass es diese vom geraden Weg abbringt, welchen Widerstand setzt dieses Feld dann erst der Bewegung der Himmelskörper entgegen?

Wenn der Widerstand des Gravitationsfeldes gegenüber der Bewegung der Körper bisher nicht messbar war, dann möglicherweise, weil er sich sehr anders darstellt als vermutet. Es liegt nahe, anzunehmen, dass ein Körper bei seiner Bewegung durch den Raum, das vor ihm befindliche Raumfeld durch seine Bewegung verdichtet. Doch anders als das Verdichten von Wasser vor dem Bug eines Schiffes, führt eine solche Verdichtung nicht zu einem Abbremsen, sondern zu einer Beschleunigung des Körpers. Denn je dichter das Gravitationsfeld ist, desto stärker zieht es den Körper an. Der Körper fällt somit gewissermaßen beständig in seine eigene Grube. Die Vorstellung Newtons, dass die Bewegung von Körpern beständiger freier Fall ist, scheint dadurch vollkommen bestätigt.

Die Reise eines Körpers durch den Raum kann so als eine Art selbstinduktiver Bewegung aufgefasst werden, vergleichbar der selbstinduktiven Bewegung, die wir von den elektromagnetischen Lichtwellen kennen. Die Geschwindigkeit des Körpers modelliert das Feld und tritt dadurch mit ihm in Wechselwirkung. Je größer die Geschwindigkeit, desto größer die Raumkompression und desto schneller folglich das „Vorwärtsfallen" des Körpers. Der gerichtete Geschwindigkeitsvektor, der sich bewegenden Masse wirkt so in den Raum hinein, in dem die auf die Zentralmasse gerichtete Anziehungskraft als Raumspannung vorhanden ist. Der Bewegungsimpulsvektor der Masse und der Anziehungskraftvektor des Raumes reagieren auf dem Weg der Raumkompression in Bewegungsrichtung des Himmelskörper miteinander und erzeugen lokal einen resultierenden Raum-Kraftvektor. Die Summe all dieser lokalen Raum-Kraft-Vektoren bildet schließlich die Bahn des Planeten.

Das Konzept einer selbstinduktiven Bewegung wurde ursprünglich von Maxwell für die Ausbreitung elektromagnetischer Wellen entwickelt. Sollte es sich auch als Erklärungskonzept für die Bewegung von Massen durch Raumfelder bewähren, muss es als universelles Bewegungskonzept von Felder betrachtet werden.

Durch die Interaktion eines bewegten und eines bezüglich dazu statischen Gravitationsfeldes wird erklärlich, wie Himmelskörper durch Aufnehmen von Anziehungskraft aus dem Raum und Abgeben von Bewegungsenergie an den Raum ihren eigenen Bewegungsimpuls so ändern, dass dieser in der Summe letztlich gleich bleibt. Gleichzeitig wird erklärlich, wieso die Bewegung eines Körpers seine Umgebung und damit sein eigenes Gewicht ändert. Das Gravitationsfeld setzt, so gesehen, der Bewegung der Körper keinen Widerstand entgegen, sondern treibt diese gewissermaßen an.

Bemerkenswerterweise enthält bereits die Gleichung der Fallbeschleunigung (4) den Gedanken der Selbstinduktion. Nun kann die mögliche Lösung einer Gleichung nicht als Beweis dafür gelten, dass diese Lösung auch real existiert. Der Bezug auf diese Gleichung dient daher nicht als Beweis für das Stattfinden selbstinduktiver Bewegungen, sondern lediglich als Nachweis, dass das aus der Elektrodynamik entlehnte Prinzip der Selbstinduktion mit den Gesetzen der klassischen Mechanik übereinstimmt.

So ist es interessant festzustellen, dass die Fallbeschleunigung g für den Fall, dass der Körper keine Anfangsgeschwindigkeit v_{Tr} besitzt, null wird. Das bedeutet, dass ein Körper, der keinen Impuls besäße, den er in den Raum hinein geben könnte, auch nicht in der Lage wäre, Raumkräfte aufzunehmen. Ein solcher Körper würde theoretisch bewegungslos im Raum hängen. Dies korreliert bemerkenswert mit der Erkenntnis, dass das Gewicht einer Masse stets nur das Resultat seiner Geschwindigkeit ist, siehe Kapitel 11. Ein bewegungsloser Körper wäre folgerichtig gewichtslos und damit auch innerhalb eines Schwerkraftfeldes schwerelos.

Das klingt paradox, ist es aber nicht. Denn, wie aus der NEWTONschen Gravitationsgleichung (2) bekannt, erhält ein Körper sein Gewicht nur in Bezug auf einen anderen, doch dieses In-Beziehung-Setzen zu einem anderen Körper erfolgt durch Interaktion der jeweiligen Körperräume. Befänden sich beide in vollkommener Ruhe zueinander, wären sie beziehungslos und daher gegeneinander gewichtslos.

Man wird einwenden, dass bei fehlender Anfangsgeschwindigkeit stets der Zustand des freien Falls eintreten muss. Das stimmt insofern, als ein Zustand absoluter Unbeweglichkeit gegenüber einem anderen Körper nie erreicht werden kann, weshalb das Loslassen eines Körpers tatsächlich stets zu freiem Fall führt.

So würde ein Körper, den man unbeweglich im Raum zu platzieren sucht, durch den leisesten Lufthauch bewegt und „zu Fall" gebracht. Verlegte man den Versuch in ein Labor und „hängte" den Körper in ein 100% Vakuum, würde allein die oberflächlich nachweisbare Molekularbewegung ausreichen, um mit dem Raum zu interagieren und eine winzige Relativbewegung auslösen, die den freien Fall auslöst. Da sich eine solche Molekularbewegung auch bei Abkühlung des Körpers auf den absoluten Nullpunkt nicht unterdrücken ließe, weil es sich bei dieser letztlich um die unvermeidlichen Schwingungen der atomaren Gravitationsfelder, infolge Bewegung der Elektronen um den Kern handelt, kann eine Interaktion zwischen Körper und Raum niemals vollständig verhindert werden. Somit ist jeder Körper zum freien Fall verdammt. Dieser erfolgt aber eben stets selbstinduktiv. D.h. Stärke und Richtung des Anfangsbewegungsimpulses des Körpers bestimmen Flugrichtung und Geschwindigkeit genauso mit, wie die vorhandene Raumspannung.

So schlüssig das Konzept der selbstinduktiven Bewegung erscheint, so fragt sich, ob es irgendwelche Beweise dafür gibt?

14. Feldversuche
Die Suche nach der „Bugwelle" als Nachweis der gravitativen Selbstinduktion

> Um einer logische Beweiskette zu sichern, gibt es nur
> *ein* Mittel: sie in möglichst leicht nachprüfbarer Form
> darzustellen, d.h. die Kettendeduktion in viele einzelne
> Schritte zu zerlegen, so daß jeder ... zu folgen vermag.
> [Hervorhebung i.O.]
>
> Karl Raimund Popper[62]

> Regeln zur Erforschung der Natur.
> 1. Regel. An Ursachen zur Erklärung natürlicher Dinge
> nicht mehr zuzulassen, als wahr sind und zur Erklärung
> jener Erscheinungen ausreichend ...
> 2. Regel. Man muss daher, so weit es angeht, gleichartigen Wirkungen dieselben Ursachen zuschreiben.
>
> Isaac Newton[63]

Jede Theorie muss überprüfbar sein, wenn sie bestehen will. Nun braucht zum Nachweis selbstinduktiver Bewegungen nicht nachgewiesen werden, dass der Raum an sich von Gravitationskräften durchdrungen ist. Deren berührungslose Wirkung wurde sowohl von NEWTON durch seine Versuche zur Bestimmung der Gravitationskonstanten nachgewiesen, als auch von EÖTVÖS durch seine Drehwaagenexperimente. Ihre Existenz als solche wurde auch durch die Relativitätstheorie nie angezweifelt. Worum es hier geht, ist lediglich die Struktur der Gravitationskräfte. Zieht eine magische „Hand" an EÖTVÖS Drehwaagengewichten oder wirkt hier eine physikalische Kraft, die den Kausalitätsgesetzen von Ursache und Wirkung unterworfen ist?

Wenn selbstinduktive Bewegung stattfindet, muss sie eine Veränderung des Gravitationsfeldes vor und hinter dem Körper hervorrufen. Zwei Dinge sind also zu überlegen:
1. Wo, in welcher Raumzone, findet die Raumverdichtung statt?
2. Wie kann eine solche Verdichtung nachgewiesen werden?

Das hier zugrundeliegende Konzept eines Gravitationsfeldes geht nicht davon aus, dass es stoffliche Überträgerteilchen in Form von Gravitonen gibt. So scheidet eine Suche nach diesen Teilchen, und deren eventuelle Verdichtung vor einem sich bewegenden Körper als Nachweismöglichkeit aus. Das Besondere an Feldkräften ist offensichtlich, dass sie keiner Kraftvermittlung durch Teilchen bedürfen.

Gehen wir also zunächst der Frage nach, wo eine Raumverdichtung erwartet, und prüfen dann, wie diese gemessen werden kann. Es liegt nahe, eine solche vor dem Bug eines sich bewegenden Himmelskörpers zu suchen. Doch infolge der Eigenrotation gibt es keinen stationären Bug.

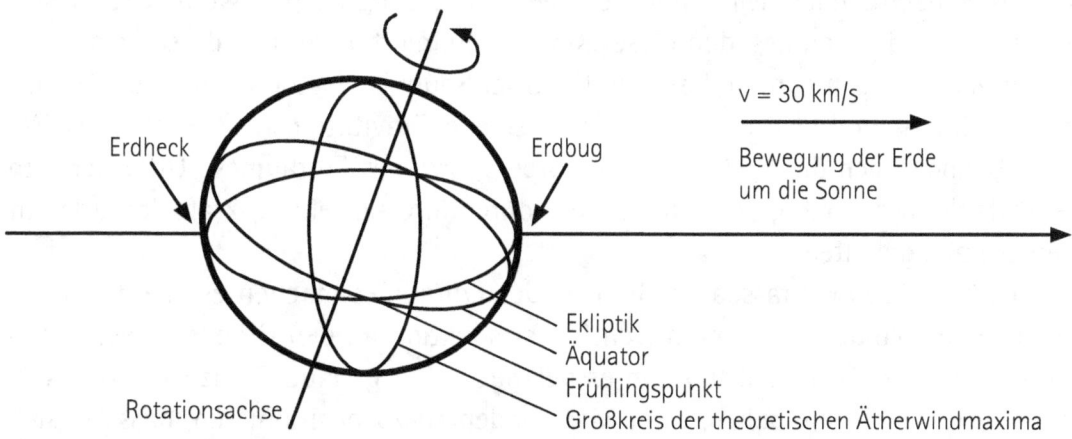

Abb. 10: Infolge der Bewegung der Erde durch das Gravitationsfeld der Sonne ist zu erwarten, dass es am Erdbug zur Verdichtung und am Erdheck zur Verdünnung des Gravitationsfeldes der Sonne kommt. Da es infolge Erdrotation keinen stationären Bug gibt, kann eine Raumdichtemessung nur mittels Flugkörper erfolgen, der sich stationär über dem Bug aufhält. Zu klären bleibt in welcher Höhe.

So wenig es einen stationären Erdbug gibt, so wenig gäbe es einen konstanten Ätherwind auf der Erdoberfläche. Während er an Bug und Heck jeweils Null betrüge, würde er auf dem Großkreis, der senkrecht zur Ekliptik und senkrecht zur Umlaufbahn steht, sein temporäres Maximum erreichen. Im Laufe eines Tages würden die Windgeschwindigkeiten folglich von Null auf 100 000 vielleicht gar auf 2 Millionen Stundenkilometer ansteigen und wieder auf Null abfallen.

14. Kapitel

Nun wurde schon im Rahmen der Interpretation des MICHELSON-MORLEY-Experiments der Verdacht ausgesprochen, dass wir auf der Erde nicht im offenen Wagen durchs All reisen. Es liegt nahe, dass nicht direkt die Oberfläche des Körpers, sondern das von seiner Masse geschaffene Raumfeld mit der Umgebung interagiert. Dieser Körperraum bildet quasi das Coupé, in dem wir auf der Erde leben. Das aber bedeutet, dass Anzeichen der Wechselwirkungen des Erdraumes mit dem Sonnenraum an den Grenzen des Erdraumes zu suchen, und nicht auf der Erdoberfläche feststellbar sind.

Schon MACH hatte den Verdacht, dass die Grenze eines Körpers nicht seine Oberfläche bildet, sondern ein Körper sich in den Raum hinein erstreckt. Wir präzisieren diesen Verdacht, indem wir behaupten, die Grenze eines Körpers ist die Grenze seines Raumes; des Raumes, den dieser Körper dominiert, innerhalb dessen also alles von ihm angezogen wird und auf ihn fällt. Der Raum eines Körpers bzw. die Grenze eines Körpers wird also durch das körpereigene Gravitationsfeld geschaffen. Wo aber befindet sich die Grenze des Erdkörpers bzw. des Erdraumes? Offensichtlich jenseits der Mondbahn, denn dieser wird durch ihre Anziehungskraft der Erde auf seiner Bahn gehalten.

Die bisher schwer fassbaren Grenzen des Erdraumes machen es allerdings unmöglich, die Folgen der gravitativen Selbstinduktion an den Grenzen dieses Raumes zu messen. Denn selbst wenn es gelänge, seine genaue Grenze zu ermitteln, so wäre es doch unmöglich, zwei Messsonden so zu positionieren, dass sie sich exakt am Bug und Heck des Erdraumes befänden. Nur dann aber wären vergleichbare Gravitationsdichtemessungen möglich. Nur dann könnte aus einem gemessenen Dichteunterschied auf eine selbstinduktive Bewegung der Erde durch den Sonnenraum geschlossen werden. Es bleibt somit vorerst eine These, dass das Gravitationsfeld der Erde am Bug dichter ist, als am Heck.

Nimmt man an, dass sich *jeder* Körper, also auch jeder Körper auf der Erdoberfläche, selbstinduktiv bewegt, kann nach irdischen Möglichkeiten zur Beweisführung gesucht werden. So lässt sich die in gewisser Hinsicht unerklärliche Bewegung des FOUCAULTschen Pendels als Folge der Selbstinduktion beschreiben. Bekannt ist, dass durch solche Pendel die Eigenrotation der Erde auf der Oberfläche nachweislich ist. Doch während ein über dem Äquator errichtetes Pendel seine Schwingrichtung im Laufe des Tages nicht ändert, so vollführt ein über einem der Pole errichtetes Pendel täglich eine volle 360° Drehung. Es ist klar, dass die Erdrotation am Äquator nur zu einer Verschiebung des Umgebungsraumes führt, während sich der Raum an den Polen vollständig dreht.

Doch wenn es keine Wechselwirkung des Pendels mit dem Raum gäbe, wäre nicht erklärlich, wieso sich diese Raumbewegung auf das Pendel auswirkt. Das Konzept der Selbstinduktion vermag das Verhalten des Pendels hingehend einfach zu erklären. Denn wenn die Bewegung des Pendels stets das Ergebnis der Wechselwirkung zwischen dem Bewegungsvektor des Pendelkörpers und der Spannungsrichtung des Raumes ist, wird erklärlich, wieso das Pendel der Raumbewegung folgt. Das, abhängig von seiner Lage auf der Erdoberfläche, unterschiedliche Verhalten des Pendels ist gerade nur durch eine Wechselwirkung des Pendelkörpers mit dem Raum erklärbar. Während nun an den Polen im Laufe des Tages eine volle Drehung der Schwingungsebene beobachtbar ist, muss aus dem gleichen Prinzip der Selbstinduktion am Äquator ein Mitnahmeeffekt durch den Raum nachweisbar sein.

Die am Äquator stattfindende Verschiebung des Umgebungsraumes infolge der Eigenrotation der Erde muss, durch selbstinduktive Wechselwirkung mit dem Raum, dazu führen, dass das Pendel in Rotationsrichtung der Erde geringfügig weiter ausschlägt, als in entgegengesetzter Richtung. Schwingt ein genügend schweres und langes Pendel also direkt über dem Äquator in Äquatorebene, kann der ungleichmäßige Ausschlag des Pendels zweifelsfrei nachgewiesen werden. Dieser ist aber nur dadurch erklärbar, dass der Pendelkörper Kräfte aus dem Raum aufnimmt und dadurch an der Rotation der Erde um ihre eigene Achse teil hat.

Eine Messung der zu erwartenden Feldverdichtung vor dem Pendelkörper ist jedoch nicht möglich, weil Bug und Heck durch das Hin- und Herschwingen ständig wechseln. Auch eine Drehwaage kann hier verständlicherweise nicht zum Einsatz kommen. Doch es gibt noch andere Möglichkeiten, Gravitationsunterschiede zu messen. Ob diese uns jedoch helfen können der Raumverdichtung vor dem Bug doch noch auf die Spur zu kommen, wird sich erst zeigen, wenn wir das Wesen der Zeit ergründet haben. Ein durchführbares Experiment zum Nachweis des selbstinduktiven Bewegungsprinzips wird jedoch erst das Kapitel 16 liefern.

15. Das Wesen Zeit
Ein Maß für Veränderung

> Wenn ich mit einem Mädchen eine Stunde verbringe, dann kommt mir das vor wie zwei Minuten. Und wenn ich zwei Minuten auf einer heißen Ofenbank sitze, dann kommt mir das vor wie eine Stunde.
> Das ist Relativität.
>
> Albert Einstein[64]

> Äußerlich kann die Zeit nicht angeschaut werden, so wenig wie der Raum, als etwas in uns.
>
> Immanuel Kant[65]

Das Ofenbeispiel zur Veranschaulichung der Relativität der Zeit, das EINSTEIN für seine Sekretärin ersann, enthält einen Kern Wahrheit. Denn Zeit ist nichts als ein Maß für Veränderung. Je deutlicher Veränderungen spürbar sind, desto schneller scheint die Zeit zu vergehen. Dadurch entsteht das Paradoxon, dass ein ereignisreicher, im konkreten Erleben dahineilender Tag in der Erinnerung länger erscheint, als ein ereignisarmer.

Da ein Zeit-Raum der Abstand zwischen zwei Ereignissen ist, scheint sich, wenn es nach subjektivem Empfinden zwischen Morgen und Abend keine Veränderung gibt, der Zeitraum zwischen diesen Ereignissen zu schließen. Er wird zu einem Zeitpunkt. Denn solange wir die Zeit nicht objektiv messen, bilden die uns betreffenden Ereignisse unseren einzigen Zeittakt. Liegen diese zeitlich weit auseinander, scheint sich die Zeit im Moment des Erlebens zu dehnen, während sie in der Erinnerung zu einem Punkt zusammenschrumpft. So *steigert* sich der Schmerz beim Sitzen auf dem heißen Ofen sekündlich. Die Ereignisdichte ist folglich enorm. Während unser Wohlgefühl im Gespräch mit einem Mädchen ein *kontinuierliches* ist, was unseren Zeittakt verlangsamt, obwohl wir jeden Augenblick außerordentlich genießen.

Die Wissenschaft kann mit solchem subjektiven Empfinden nichts anfangen und braucht eine objektive Zeit. Diese objektive Zeit besteht im Zählen *regelmäßig* wiederkehrender Ereignisse. Zunächst waren das sehr umfassende Ereignisse. In grauer Vorzeit begannen die Menschen die Tage, die Monde, die Jahre zu zählen. Irgendwann begann man auch den Tag in Abschnitte zu zerlegen. Doch fand sich dafür kein regelmäßiges astronomisches Maß, denn der Auf- und Untergang sowie der scheinbare Weg der Sonne am Firmament ändern sich im Laufe des Jahres. Man musste andere Ereignisse zum Messen der Zeit wählen.

So erfand man Sonnen-, Feuer-, Wasser- und Sanduhren. Man zählte nun keine Ereignisse am Himmel mehr, sondern das Verglimmen einer bestimmten Länge eines Räucherstabs, das Abbrennen einer bestimmten Kerzenlänge, das Sinken des Ölstandes in einer Lampe, das Abfließen einer bestimmten Wasser- oder Sandmenge durch eine kleine Öffnung, bis der Beginn des mechanischen Zeitalters sich dadurch kundtat, dass man die Takte eines mechanischen Impulsgebers zu zählen begann.[66]

Schien die Zeit in einer Sand- oder Wasseruhr regelrecht dahinzufließen, so wurde sie durch die Erfindung des Chronometers sichtbar in kleine Stücke zerhackt. Das Rucken des Ankerrades einer alten Turm- oder Wanduhr ist nicht nur Sinnbild der Mechanisierung der Zeit, es macht auch das digitale Wesen der Zeit sichtbar. Denn so gleichmäßig der Sand in einer Sanduhr dahinzufließen scheint, der Zeittakt dieser Uhr wird nicht durch das Fließen des Sandes, sondern nur durch das Drehen des Uhrglases angezeigt. Zwischen den Augenblicken des Umstürzens der Eieruhr bzw. des Stundenglasses, vergeht die Zeit zwar kontinuierlich, aber für die Sanduhr unmessbar. Damit offenbart sich das ganze Dilemma – der unlösbare Konflikt zwischen der *kontinuierlich dahinfließenden Zeit* und der nur *digital messbaren Uhrzeit*.

So sehr wir uns auch bemühen, wir können den gleichmäßigen Fluss der Zeit nicht messen. Das wird schon daran deutlich, dass der scheinbar kontinuierlich rieselnde Sand aus winzigen Körnchen, ja selbst das fließende Wasser letztlich aus Atomen, also abzählbaren Teilchen, besteht. Die mechanische Uhr, die die in der Sanduhr dahinfließende Stunde in Sekundenschwingungen einer Unruhe zerlegt, macht nur sichtbar, dass Zeitmessung immer nur das Zählen von Taktschlägen sein kann. Zwischen den Takten vergeht die Zeit unkontrolliert.

Keine Uhr kann diese Zwischenzeit messen, keine kann genauer gehen, als ihr Taktgeber schlägt. Der Eingangsimpuls oder Basistakt definiert die kleinste messbare Zeiteinheit. Die Uhrenbauer konnten die Zeit nur in immer kleinere Teile zerlegen, indem immer schnellere Taktgeber verwendet wurden, doch die *Kontinuität* der Zeit entzieht sich jeder Messung.

Anfang des 20. Jahrhunderts fand man einen sehr schnellen Taktgeber durch Verwendung von Quarzkristallen. Wenn man diese gezielt erregt, können sie bis zu 60 000 mal in der Sekunde schwingen. Doch auch zwischen diesen Bruchteilen

15. Kapitel

eines Bruchteils einer Sekunde verging ein Quentchen Zeit ungemessen. Diese Zeitsprünge mögen unvorstellbar klein sein, doch es bleiben Sprünge. Die Uhrzeit kann nur von einem Ereignis zum nächsten voranrucken.

Mitte des 20. Jahrhunderts gelang es dann mit der Eigenfrequenz des äußersten Elektrons des Cäsiumatoms, den bisher schnellsten Taktgeber technisch nutzbar zu machen. Mit Hilfe des Cäsiums gelang es eine Sekunde in 9 192 631 770 Augenblicke zu unterteilen. Doch gerade diese scheinbar ins Infinitesimale (unendlich kleine) aufgelöste Zeitmessung machte bewusst, dass Zeitmessung an materielle Grenzen stößt, weil eben nur materielle Veränderungen messbar und zählbar sind.

Zu diesem Problem, dass das reale Zeitkontinuum nur digital messbar ist, ist seit EINSTEIN ein zweites hinzugetreten. Er machte deutlich, dass die Zeit nicht überall gleich schnell läuft, weil die Taktgeber, die wir zur Zeitmessung, bzw. Impulszählung verwenden, nicht überall gleich schnell schlagen.

„Zeit ist das, was man an der Uhr abliest", sagte EINSTEIN einst sinngemäß auf die Frage eines Reporters. Diese saloppe Äußerung macht deutlich, dass wir zur Zeitmessung stets Instrumente brauchen, die den konkreten Bedingungen der Materie unterworfen sind.

EINSTEIN hatte erkannt, dass zwar die Gesetze überall die gleichen sind, nicht aber die lokalen Bedingungen unter denen sie wirken. Diese unterschiedlichen Umgebungszustände wirken sich auch auf die Zeitmessung aus.

Die Taktgeber ändern ihre Eigenfrequenz abhängig vom lokalen Zustand des Gravitationsfeldes, wobei, wie wir seit der Erkenntnis der Wesensgleichheit von schwerer und träger Masse wissen, die Feldänderung gleichermaßen durch eine lokale Veränderung des Feldes (durch Hinzutun oder Entfernen von Masse), wie auch durch Bewegung der Uhr, erzeugt werden kann. EINSTEIN erkannte, dass Gravitation auf alle materiellen Erscheinungen einwirkt, so dass alle Prozesse, auch die atomaren, sich mit wachsender Feldstärke verlangsamen. Zeit wird zu einer Funktion der Gravitationsfeldstärke.

Der Endpunkt der Verlangsamung ist in einem sogenannten Schwarzen Loch erreicht, in dem keinerlei atomare Prozesse mehr stattfinden, da keine Atome mehr existieren, weil die gesamte Masse vollständig verpresst wurde. So sind keinerlei Veränderungen mehr feststellbar, denn es gibt nichts mehr, was schwingen kann oder sich sonst irgendwie bewegt, um durch seine Bewegung einen Zeittakt anzugeben. Jede Art von *Uhr* muss daher in einem sogenannten Schwarzen Loch stillstehen.

Das Wesen Zeit

Ob damit auch die Zeit still steht, scheint eine philosophische Frage.* Einstein sagte durch seine Relativitätstheorien zwei Arten von Zeitdilatation voraus. Die spezielle Relativitätstheorie beschreibt einen *Geschwindigkeitseffekt* und die allgemeine Relativitätstheorie einen *Gravitationseffekt*. Beide Effekte sind inzwischen nachgewiesen. Doch gemäß der zweiten Newtonschen Regel zur Erforschung der Natur ist es unbefriedigend, zwei ähnlichen Wirkungen zwei unterschiedliche Ursachen zuzuschreiben. Verhält es sich mit den Uhren möglicherweise wie mit den trägen und schweren Massen und Geschwindigkeitseffekt und Gravitationseffekt lassen sich auf eine Ursache zurückführen?

---

* Ein Gedanke, der sich erst aus dem später ausgeführten erschließt, im Rahmen dieses Buches jedoch nicht verfolgt werden kann, ist die Idee einer Temperaturuhr. Wenn man die Temperatur der kosmischen Hintergrundstrahlung als ein Maß für Raumdruck betrachtet, weil ihre Veränderung Ausdruck der Änderung des Raumdruckes ist, wäre es möglich mit einer unendlich genauen, kontinuierlichen Temperaturmessung ein universelles Zeitmaß zu schaffen. Diese Uhr besäße eine fortlaufende Zeitskala von null Grad Kelvin bis zu jener Höchsttemperatur, die sich bei maximaler Aufladung der Photonen durch den vollständig geschlossenen Raum ergibt. Auf dieser Skala liefe die universelle Zeit kontinuierlich als Raumtemperaturänderung ab. Dabei würde eine Temperaturzunahme einer vorwärts laufenden Zeit, eine Temperaturabnahme dementsprechend einer rückwärts laufenden Zeit entsprechen. Die Zeitrichtung würde sich folglich bei Erreichen der jeweiligen Extremtemperaturen umkehren. Doch gerade weil die Zeit mit dieser Uhr kontinuierlich messbar wäre, gäbe es keinen festen Zeittakt mehr, denn die Temperaturänderungen laufen nicht linear ab. Allerdings hat Einstein bereits gezeigt, dass es ohnehin keinen einheitlichen universellen Zeittakt gibt.

16. Uhrzeit und Zeittakt
Das Messen der Veränderung durch die Veränderung

> Mit dem Fortschreiten der Physik wurde immer
> deutlicher, daß das Sehen als Quelle grundlegender
> Vorstellungen von der Materie weniger irreführend
> als der Tastsinn ist.
>
> Bertrand Russell[67]

> Es ist der Relativitätstheorie oft vorgeworfen worden, daß
> sie der Lichtfortpflanzung ungerechtfertigterweise eine
> zentrale theoretische Rolle zuweise, indem sie auf das
> Gesetz der Lichtfortpflanzung den Zeitbegriff gründe.
> Damit verhält es sich wie folgt. Um dem Zeitbegriff über-
> haupt physikalische Bedeutung zu geben, bedarf es der
> Benutzung irgendwelcher Vorgänge, welche Relationen
> zwischen verschiedenen Orten herstellen können.
>
> Albert Einstein[68]

Jede Uhr basiert im wesentlichen auf dem gleichen Prinzip. Eine Energiequelle speist einen Taktgeber, der seine Frequenz an einen Mittler abgibt, der diese schließlich an die Ausgabeeinheit weiterleitet. An einer alten Standuhr ist das noch sehr nachvollziehbar. Dort dienen Gewichte als Energiequelle, die ihre potentielle Energie dosiert an eine Unruhe abgeben, die mit geeichter Frequenz hin- und herschwingt. Diese Schwingfrequenz wird mittels Hemmung und Gabel auf ein Ankerrad übertragen, das sich infolge dessen schrittweise dreht. Das Ankerrad überträgt eine dosierte Drehbewegung auf das Räderwerk der Uhr, das diese, durch Übersetzungen in unterschiedliche Drehbewegungen zerlegt, mittels derer die verschiedenen Zeiger angetrieben werden, die die Ausgabeeinheit bilden.

Quarz- und Atomuhren unterscheiden sich in ihrem Aufbau zwar grundlegend von ihren mechanischen Vorläufern, doch vom Wesen her sind sie gleich. Das Herz einer jeden Uhr ist der Taktgeber. Wie bereits erwähnt, ist der schnellste zur Zeitmessung genutzte Taktgeber das Cäsiumatom. Es eignet sich deshalb so gut, weil es als Element der ersten Hauptgruppe nur ein Elektron in der äußersten Schale besitzt. Dieses kann ganz gezielt angeregt werden, so dass es beim Wechsel auf das nächst niedrigere Energieniveau einen genau definierten Energiequant aussendet, dessen Frequenz als Taktgeber für die Uhr dient.[69] Ein Quant ist ein Lichtteilchen. Der Takt, der in einer sogenannten Atomuhr geschlagen wird, ist also die Frequenz einer elektromagnetischen Welle. Nicht das Atom, sondern die genau definierte Frequenz der Lichtquanten, dient als Zeitmaß.

Mit diesen hochgenauen Uhren ist es HAFELE und KEARING gelungen die erste Zeitdilatationsmessung durchzuführen. Im Oktober 1971 starteten sie mit vier Atomuhren im Gepäck zu einer Rundreise um die Erde. Sie benutzten normale Linienflugzeuge, mit denen sie westwärts um den Globus flogen. Alle Uhren waren vorab mit einer am Boden verbliebenen Vergleichsuhr synchronisiert worden.[70]

Nach ihrer Rückkehr wurden die Uhren verglichen und das erwartete Ergebnis bestätigt. Die Bodenuhr war infolge des Gravitationseffekts langsamer gegangen, als die in luftiger Höhe bewegten Uhren, da sie am Boden einem stärkeren Gravitationsfeld ausgesetzt gewesen war. Die bewegten Uhren hatten sich während des Fluges in einem dünneren Gravitationsfeld befunden und waren dadurch schneller gelaufen. Der Gravitationseffekt wurde geringfügig durch den Geschwindigkeitseffekt überlagert, dessen Existenz später gezielt nachgewiesen wurde. Dieser besagt, dass bewegte Uhren langsamer gehen, als in gleicher Höhe befindliche unbewegte, wobei außer der Bewegung der Flugzeuge auch die Eigenrotation der Erde berücksichtigt werden muss.

Die Relativitätstheorien verwenden nun zwei unterschiedliche Modelle, um die auf die Uhren wirkenden Kräfte, die sich als Zeitdilatationen bemerkbar machen, zu erklären. Wenn wir die Bewegung der Flugzeuge als selbstinduktive Bewegungen auffassen, wird es möglich, beide Phänomene auf eine Ursache zurückzuführen. Dann wird nämlich auch der Geschwindigkeitseffekt als Gravitationseffekt erklärbar. Denn wenn die Bewegung der Flugzeuge eine Gravitationsfeldverdichtung vor den Maschinen erzeugt, werden Gravitations- und Geschwindigkeitseffekt aus *einer* Ursache erklärbar. In beiden Fällen bewirken Feldverdichtungen eine Verlangsamung der Taktfrequenz der Impulsgeber der Uhren.

Das erklärt auch, warum eine mit der Erdrotation bewegte Uhr langsamer geht als eine entgegengesetzt bewegte Vergleichsuhr. Denn eine mit der Erde geflogene Uhr, fliegt ständig in das durch die Eigenrotation verdichtete Feld hinein, während die andere Uhr ständig aus der dichteren Zone herausfliegt.

Wie im Kapitel 11 gezeigt wurde, sind schwere und träge Masse gleichermaßen Folge der Verdichtung eines Raumes durch Bewegung, wobei die Verdichtung einmal durch direkte Bewegung eines Körpers durch den Raum erfolgt, während die Verdichtung im anderen Fall Folge der Bewegung des Umgebungsraums selbst durch einen größeren Raum ist, ohne dass diese Raumbewegung für den Körper erkennbar oder spürbar ist. Ähnlich verhält es sich mit den Zeitdilatationseffekten. Betrachten wir den Raum als ein Gravitationsfeld, dann lassen sich sowohl die synchronen Veränderungen der schweren und trägen „Masse" als auch die Zeittaktveränderungen durch Bewegung sowie durch Schwerkraft als Folge von Gravitationsfeldveränderungen erklären. Ganz im NEWTONschen Sinne können wir dann zwei gleiche Wirkungen auf eine gemeinsame Ursache zurückführen. Doch führen wir damit nicht nur beide Zeitdilatationseffekte auf eine gemeinsame Ursache, eine Gravitationswirkung, zurück, wir behaupten vielmehr, dass die Zeit innerhalb des Inertialsystems nicht einheitlich ist.

Wir behaupten, dass die Uhren innerhalb des selben bewegten Körpers abhängig von ihrer Position in diesem Körper unterschiedlich schnell gehen. Da es am Bug zu einer Raum- und damit Gravitationsfeldverdichtung kommt, gehen die Uhren dort langsamer als am Heck, wo eine entsprechende Feldverdünnung stattfindet. Es wird angenommen, dass die Gravitationsfeldunterschiede innerhalb *eines* Flugzeuges auf längeren Flügen groß genug sind, dass eine Zeitdilatation zwischen Bug und Heck eindeutig nachweisbar ist.

Wenn wir den Versuch von HAFELE und KEARING also wiederholen, wobei stets die zwei selben Uhren im Bug, die zwei anderen hingegen im Heck des Flugzeuges mitgeführt werden, muss zwischen den beiden Uhrenpaaren infolge der selbstinduktiven Bewegung des Flugzeuges eine Zeitdilatation feststellbar sein. Die Buguhren müssen dabei langsamer gehen, als die Heckuhren.

Möglicherweise wurden auch die vier Atomuhren mit denen HAFELE und KEARING um die Welt reisten teilweise an unterschiedlichen Orten im Flugzeug verstaut. Wenn ja, könnte dies ein Grund für die Laufzeitunterschiede sein, die zwischen drei der vier Uhren festgestellt wurden. Zwei Uhren gingen genau gleich.

Nicht das Inertialsystem als Ganzes besitzt also eine je eigene Zeit, sondern der Zeittakt ist stets abhängig vom lokalen Zustand des Gravitationsfeldes. Dieser Zustand wird aber eben durch die Bewegung des Körpers mitbestimmt. Zwischen dem Feldzustand vor dem Bug und dem hinter dem Heck muss es zwangsweise einen Unterschied geben, weil sonst keine Bewegung durch den Raum möglich wäre. Wenn sich Flugzeuge selbstinduktiv wie Himmelskörper durch den Raum bewegen, warum brauchen sie dann kontinuierlich arbeitende Triebwerke, ein Satellit jedoch nicht?

17. Bewegungsmuster
Flugzeug oder Satellit – Gemeinsamkeiten und Unterschiede

> Die allgemeine Relativitätstheorie kann – soweit wir es
> gegenwärtig beurteilen können – nur als Feldtheorie
> gedacht werden.
>
> Albert Einstein[71]

> Die allgemeine Relativitätstheorie lieferte die Aussage,
> daß sich die Gravitation ebenfalls von Raumpunkt zu
> Raumpunkt ausbreitet, also keine Fernkraft mehr ist,
> sondern daß auch für sie die Feldvorstellung gilt.
>
> Charlotte Schönbeck[72]

Fassen wir das bisher gesagte zusammen. Im Raum wirkt Gravitation als Feldkraft. Diese Felder wurden durch EINSTEIN bzw. MINKOWSKI mathematisch beschrieben. Ihre physikalische Wirkung ist durch EÖTVÖS Drehwaage genauso nachweisbar wie durch die modernen Atomuhren. Diese Felder sind nicht nur verantwortlich für die Gewichtszunahme beschleunigter Massen, was oft irreführenderweise als Massenzunahme bezeichnet wird, sondern überhaupt für die Wahrnehmung von Gewicht.

Die Existenz der von Massepunkten ausgehenden Gravitationsfelder hat zur Folge, dass die Grenzen eines Körpers nicht zwingend mit der Körperoberfläche zusammenfallen müssen. Jeder Körper schafft ein Raumfeld. Dieses Raumfeld wirkt in ein anderes Raumfeld hinein und interagiert mit diesem, was wir als Anziehungskraft wahrnehmen.

Doch wenn jeder Körper sein eigenes Raumfeld schafft, mit dessen Hilfe er sich selbstinduktiv durch fremde Räume bewegt, wieso fällt ein Flugzeug bei Triebwerkausfall vom Himmel? Mangelt es ihm nur an Geschwindigkeit um zum Satelliten zu werden? Würde folglich ein hinreichend schnelles Flugzeug seine Triebwerke abschalten können, weil seine Fluchtgeschwindigkeit ausreichte der Erdanziehung entgehenzuarbeiten?

Wenn ja, würde das bedeuten, dass Satelliten mit höchsten Geschwindigkeiten quasi im Sichtbereich triebwerkslos an uns vorbeirasen könnten. Der Gedanke ist beunruhigend. Doch genügt das nicht, um ihn für falsch zu erklären. Unrealistisch ist er, weil sich das für eine ausschließlich raumgetriebene Bewegung notwendige

17. Kapitel

offene Raumfeld des Flugkörpers unterhalb eines gewissen Bahnradius schließt und mit der Körperoberfläche zusammenfällt.

Denn, während der Umgebungsraumdruck des Erdfeldes mit sinkender Flughöhe ansteigt, muss die Fluchtgeschwindigkeit des Satelliten gemäß der Gleichung der Fallbeschleunigung (4) gleichzeitig quadratisch zunehmen. Der Satellit muss sich folglich mit wachsender Geschwindigkeit durch ein dichter werdendes Gravitationsfeld bewegen.

Das führt dazu, dass das Raumfeld des Satelliten durch Umgebungsdruck wie Eigenbewegung so verdichtet wird, dass es schließlich mit der Körperoberfläche identisch wird. Daher ergibt sich eine magische Grenze unterhalb der jeder Satellit zum Flugzeug bzw., wenn ihm Tragflächen und Triebwerke fehlen, zu einem frei fallenden Körper wird. Das Gravitationsfeld des Umgebungsraumes wirkt bei geschlossenem Raumfeld dann direkt auf die Körperoberfläche und erzeugt dadurch die von Lorentz und Einstein beschriebene Längenkontraktion in Bewegungsrichtung.

Der körpereigene Raum des Satelliten kann sich also erst öffnen, wenn dieser weit genug vom Erdmittelpunkt entfernt ist, und sich daher durch ein entsprechend schwaches Gravitationsfeld bewegt. Reicht die Gravitationskraft des Satelliten aus, einen eigenen (wenn auch sehr kleinen) Außenraum zu bilden verändert sich sein Bewegungsverhalten. Jetzt kann er die Raumkräfte der Umgebung hinreichend in eigene Antriebskräfte umwandeln.

Doch ist selbstinduktive Bewegung kein ausschließlich himmlisches Bewegungskonzept. Es ist das universelle Bewegungskonzept aller Körper. Der Unterschied zwischen Satellit und Flugzeug besteht also nicht in der selbstinduktiven Bewegung ansich. Auch das Flugzeug verdichtet den Raum vor seinem Bug und fällt so stets in seine eigene Raumgrube. Allerdings geht, wegen des Fehlens eines offenen Raumfeldes, ein Teil der gewonnenen Raumenergie im Inneren des Flugzeuges verloren. Die Raumkompression wirkt in das Flugzeug hinein und verpufft dort gewissermaßen. Wir spüren diese unproduktiv verpuffende Gravitationskraft, wenn wir bei Beschleunigung nach hinten und beim Bremsen nach vorn fallen. Die Kraft, die uns in solchen Momenten bewegt, ist Raumwiderstand.

Indem sich ein Fahrzeug durch den Raum schiebt, verdichtet es diesen und erzeugt eine Gravitationswelle. Kann diese nicht durch einen offenen Außenraum vollständig in Bewegungsenergie umgewandelt werden, indem sie als Raumwelle um den Körper herum läuft, drückt sie in das Körperinnere hinein und geht als Impuls verloren.

Je heftiger die Beschleunigung des Fahrzeuges, desto heftiger die dadurch erzeugte Gravitationswelle, die uns in den Sitz drückt. Bei gleichbleibender Geschwindigkeit scheint die Gravitationswelle dann über die Oberfläche des Fahrzeuges hinwegzulaufen, und nicht mehr ins Innere hineinzuwirken. Doch täuscht dass. Die konstante Geschwindigkeit lässt sie zur quasistatischen Welle werden, die wir wegen der geringen Gravitationsfeldunterschiede zwischen Bug und Heck nicht wahrnehmen. Der Unterschied ist so gering, dass er nur auf langen Strecken mittels Atomuhren nachweisbar ist, siehe Kapitel 16.

Spätestens hier wird deutlich, dass wir auf der Erde tatsächlich in einem „geschlossenen Wagen" durchs All reisen. Denn wie bekannt ändert die Erde auf ihrem Weg um die Sonne ständig ihre Geschwindigkeit. Und wie aus Abb. 10 (siehe S. 73) ersichtlich, würde selbst bei konstantem Erdumlauf die Geschwindigkeitswahrnehmung auf der Erdoberfläche durch die Erdrotation täglich zwischen null und der Maximalgeschwindigkeit wechseln. Diese ständigen Geschwindigkeitsänderungen *müssen* an den Randzonen des Erdraumes abgefangen werden, weil wir sonst durch die rasanten Wechsel derart hin- und hergeschleudert würden, dass ein Leben auf der Erde unmöglich wäre.

Der offene Körperraum der Erde bildet folglich notwendigerweise eine Art Coupé, das uns nicht nur vor den Auswirkungen der Erdbewegung schützt, sondern zugleich die Raumenergie, die aus der Anziehungskraft der Sonne und ihrer Planeten entsteht, vollständig in Bewegungsenergie des Erdraumes umwandelt. Ätherwind und Raumdichteänderungen sind daher *glücklicherweise* auf der Erdoberfläche nicht messbar.

Während der offene Erdraum uns vor dem Ätherwind bewahrt, ermöglicht uns unser eigener geschlossener Körperraum selbstbestimmtes Bewegen durch den Erdraum. Weil wir keinen offenen Körperraum besitzen, haften unsere Füße am Boden. Wir müssen nicht wie ein Satellit, einem einmaligen Anfangsimpuls gehorchend, ewig die Erde umkreisen, sondern können dank Bodenhaftung, unter Berücksichtigung der Trägheit, jederzeit anhalten.

Doch verträgt sich die These von der selbstinduktiven Bewegung mit der Schwerelosigkeit im freien Fall? Die scheinbare Kräftefreiheit eines frei fallenden Körpers veranlasste EINSTEIN zu der These, dass die Gravitation eine Scheinkraft sei. Dabei ist doch gerade der freie Fall der sichtbare Ausdruck der Gravitationskraft des Raumes. EINSTEIN kam zu seiner These, durch den Bericht eines Anstreichers, der einen Sturz von einem Baugerüst überlebte und anschließend berichtete, er hätte beim Fallen sein Gewicht nicht gespürt.

Die Illusion der Kräftefreiheit entsteht gerade dadurch, weil die gesamte Anziehungskraft des Raumes in Bewegungsrichtung des Körpers wirkt, dieser also *keine Relativbewegung mehr bezüglich des Raumes* vollführt. Der Körper bewegt sich nicht mehr durch den Raum, sondern wird vom Raum bewegt. Seine Eigengeschwindigkeit gegenüber dem Raum ist praktisch null. Der Körper hat seinen Widerstand gegenüber dem Raum aufgegeben. Da es zum freien Fall keiner Anschubkraft bedarf, ist $m_{träge}$ während des Fallens null. Es entspricht vollständig dem Äquivalenzprinzip wenn mit dem Verschwinden des Trägheitswiderstandes auch die schwere Masse null wird. Denn Gewicht ist eben nur das Resultat einer Relativbewegung gegenüber dem Umgebungsraum.

Selbstinduktive Bewegung kann somit als universelles Bewegungskonzept betrachtet werden. Der freie Fall stellt dabei genauso einen Grenzfall dar, wie unsere eigenen Bewegungen. Während das Fallen eine fast vollständig raumgetriebene Bewegung ist, bewegen wir uns fast vollständig körpergetrieben. Letztlich ermöglicht aber erst die Interaktion zwischen Raum und Körper ein Vorwärtskommen.

Besteht zwischen dem Bewegungsimpuls des Körpers und der Raumkraft ein Gleichgewicht bewegt sich die Masse als Himmelskörper scheinbar antriebs- und widerstandslos durch den Raum. Eine solche Bewegung kann jedoch nie als gradlinig-gleichförmig bezeichnet werden, wie Abb. 11 zeigt.

Bewegungsmuster

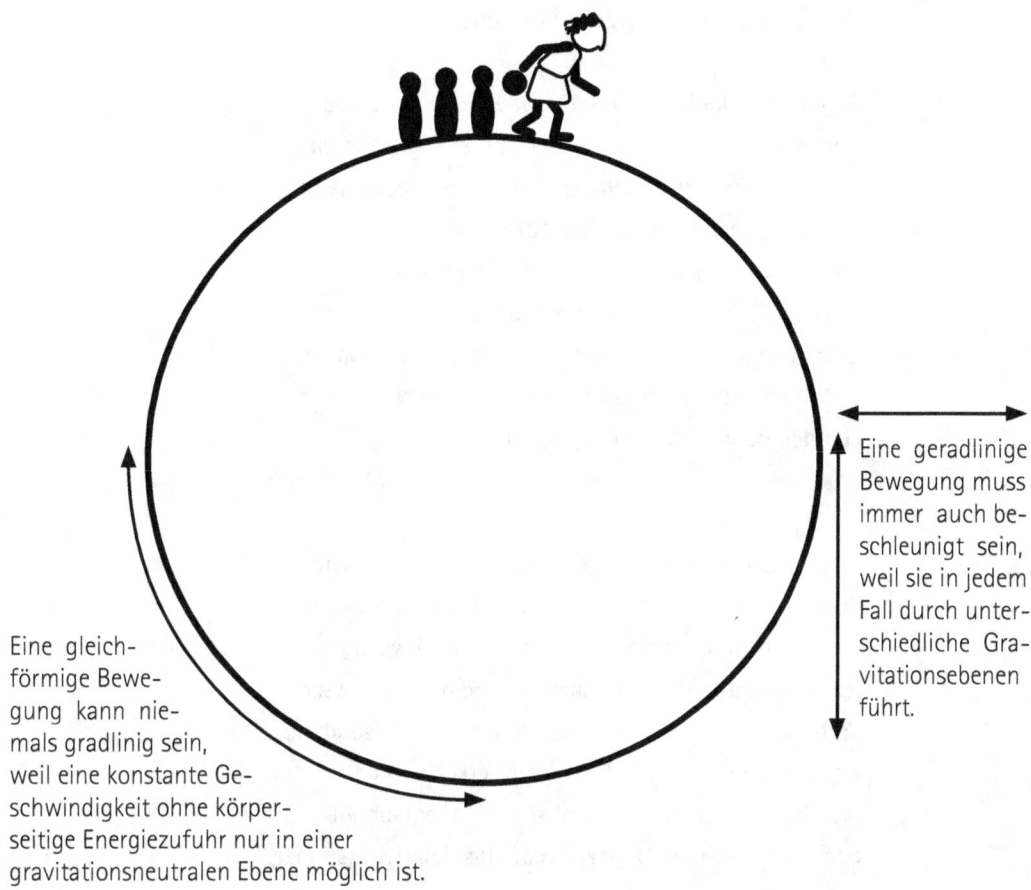

Abb. 11: Aus der Vogelperspektive wird erkennbar, dass auf einer idealen, „endlos" langen Kegelbahn, eine scheinbar geradlinige Bewegung tatsächlich eine Kreisbewegung ist.

18. Himmelsmechanik
Die Ordnung der Inertialsysteme

Es gibt unendlich viele, relativ zueinander in Translationsbewegung befindliche, gleichberechtigte Systeme, Inertialsysteme, in denen die Gesetze der Mechanik in ihrer einfachsten, klassischen Form gelten.
Hier sieht man klar, wie das Problem des Raumes aufs engste mit der Mechanik verknüpft ist. Nicht der Raum ist da und prägt den Dingen seine „Form" auf, sondern die Dinge und ihre physikalischen Gesetze bestimmen erst den Raum. [Hervorhebung i.O.]

Max Born[73]

Wenn das EINSTEINsche allgemeine Relativitätsprinzip dementgegen eine Gleichwertigkeit der Koordinatensysteme behauptet, so kann sich die Gleichwertigkeit jedenfalls nur auf die formale Beschreibung gewisser Vorgänge beziehen, und sie muß eine Folge besonderer Eigenschaften des Äthers und der Verkettung der molekularen Materie mit ihm sein. Dem entspricht genau der wichtige Umstand, daß das Relativitätsprinzip EINSTEINS selbst in dessen Theorie nur beschränkte Gültigkeit hat ...

Emil Wiechert[74]

Flüchtig betrachtet scheint es gleichgültig, ob man die Bewegung der Himmelskörper als Resultat einer Wechselwirkung zwischen Fliehkraft des Trabanten und Anziehungskraft des Zentralkörpers ansieht oder als Resultat einer Wechselwirkung zwischen einem sich bewegenden Körper und einem durch eine Zentralmasse aufgespannten Raum. Die sich ergebende Vektordarstellung sieht formal gleich aus. Doch nur, solange man ein Zwei-Körper-System betrachtet.

Das Konzept Fliehkraft-Anziehungskraft gerät ins Wanken, sobald man die ständigen kleinen Bahnabweichungen berücksichtigt, denen die Planeten nachweislich ausgesetzt sind. Zwar lassen sich diese problemlos als Anziehungskräfte beschrei-

Himmelsmechanik

ben, doch nicht als Anziehungskräfte des die Bahn bestimmenden Zentralgestirns.

Diese „Bahn" kriegt Beulen und Dellen, die nicht aus der einfachen Zwei-Vektordarstellung erkärbar sind. Der Planet wandert in Wahrheit nicht auf einer festen Bahn, sondern schlingert von einer Vielzahl von Kräften gelenkt durch den Raum. Der statische Raum des Planetensystems ist dynamisch.

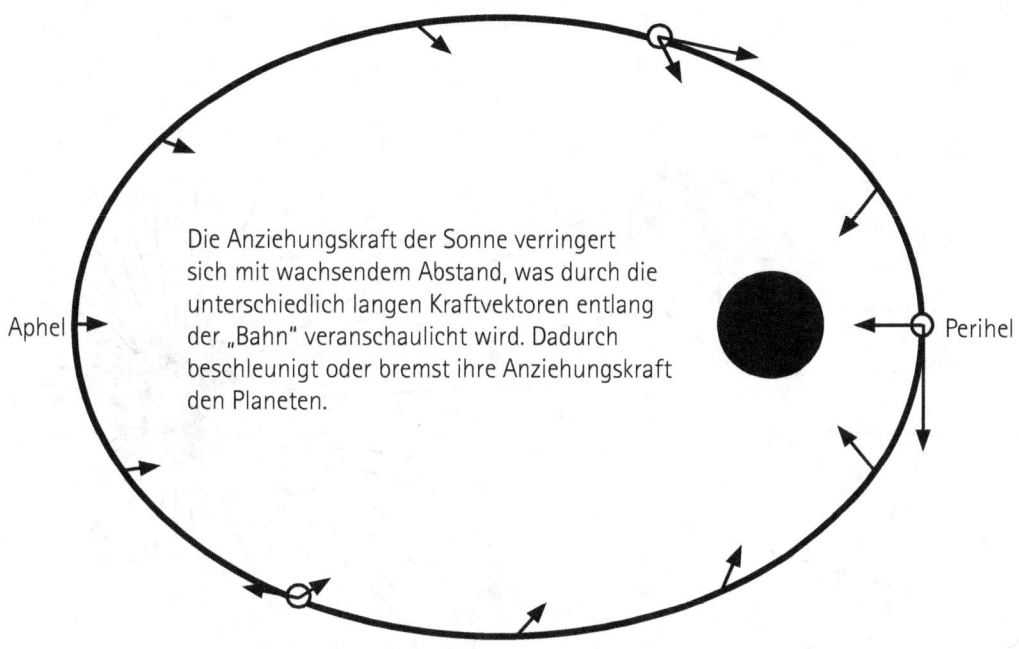

Abb. 12: Ob die Vektoren Fliehkraft und Anziehungskraft darstellen oder Bewegungsimpuls und Raumspannung, wäre für die Beschreibung der Planetenbewegungen unerheblich, wenn sich die Planeten wirklich auf Bahnen bewegen würden. Doch was hier als Bahn erscheint, ist eine Geodäte: die Summe aller Vektorsummen, die sich jeweils aus dem momentanen Bewegungsimpuls des Trabanten und der lokalen Raumkraft (erzeugt durch das Zentralgestirn) ergeben.

Das Newtonsche Bahnmodell wurde daher von Einstein durch ein Raummodell mit mathematischer Feldstruktur ersetzt. Doch wurde bereits gezeigt, dass die rein geometrische Versinnbildlichung des Kraftfeldes irreführend ist. Daher soll hier der Versuch unternommen werden, das Kraftfeld auch als solches darzustellen, als eine komplexe Raumstruktur in der jeder Massepunkt eine Singularität bildet, siehe Abb. 13.

18. Kapitel

Die Feldstruktur dieses Raummodells wird hier mittels Kraftlinien, vergleichbar den Feldlinien eines Magnetfeldes veranschaulicht. Dabei gibt die Richtung der Feldlinien die Richtung der Raumspannung und ihre Dichte die Feldstärke an. Mittels eines solchen Bildes werden die Wechselwirkungen, die die Planeten zeitweisen aufeinander ausüben, genauso erklärbar, wie die verstärkte bzw. verringerte Anziehungskraft des Raumes bei Annäherung an bzw. Entfernung von einem Massepunkt.

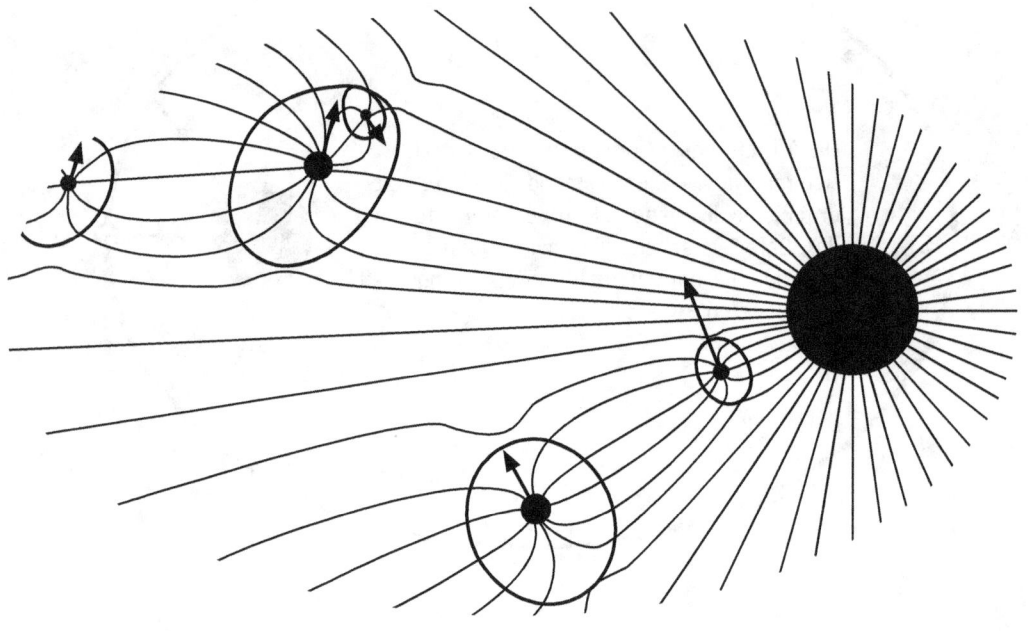

Abb. 13: Sinnbildliche Darstellung der Struktur des Gravitationsfeldes unseres Sonnensystems für den Bereich der vier inneren Planeten und des Erdmonds. Das Gravitationsfeld der Sonne dominiert diesen Raum, in den die Planeten ihre Raumfelder „hineinschreiben", wodurch sie den Sonnenraum verändern. Der Raum wird als essenzieller Teil der Masse erkennbar. Körpergrenze ist hier die Grenze des Raumes, innerhalb dessen alles auf den Körper fällt. Die Körper- bzw. Raumgrenzen sind gleichzeitig die Orte, an denen sich die Gravitationskräfte von Trabant und zugehörigem Zentralkörper aufheben.

Dieser Raum kann sowohl durch Tensoren oder Matrizen, als auch durch ein Differenzialgleichungssystem beschrieben werden, in dem die Himmelskörper singuläre Kraftvektoren bilden, die den Raum gleichermaßen durch ihre Bewegung formen, wie sie durch den Raum verändert werden. Sind zu einem beliebigen Zeitpunkt die exakten Koordinaten und Bewegungsimpulse der Himmelskörper in diesem Raum bekannt, so ließe sich ihre weitere Bewegung aus diesem Zustand heraus errechnen.

Die Feldstruktur macht deutlich, wie komplex dieser Raum ist, der durch jeden sich in ihm bewegenden Körper mitgestaltet wird. Zeitweise gegenseitige „Bahnstörungen" lassen sich hier als Folge von Feldänderungen beschreiben. Nicht der Mars selbst zieht an der Erdbahn, da seine Anziehungskraft nicht weit genug reicht, direkt auf die Erde einzuwirken, sondern die durch den Mars verursachte Änderung des Sonnenraumes beeinflusst die Erdgeodäte.

Es stellt sich bei Betrachtung des winzigen Ausschnittes der kosmischen Feldstruktur jedoch die Frage, wo enden all die Feldlinien, die nirgendwo im Raum auf eine andere Masse treffen an der sie ziehen können? Müssen sie überhaupt irgendwo enden, oder können sie sich im unendlichen Nichts verlieren?

Für unser Sonnensystem besteht diesbezüglich keine Sorge. Es bildet als Mitglied der Milchstraße einen Teilraum im galaktischen System, stellt also selbst nur eine Raumblase innerhalb des galaktischen Großraumes dar, so wie die Planeten Raumblasen innerhalb des Sonnenraumes bilden. Da seit kurzem bekannt ist, dass sich in den Zentren aller Spiralgalaxien sogenannte Schwarze Löcher befinden[75] – wir werden diese Gebilde aus Gründen, die später dargelegt werden, Totale Massen nennen – sieht die Raumstruktur der Spiralgalaxien im Grunde ähnlich aus, wie die unseres Sonnensystems. Milliarden Sonnen kreisen um einen Zentralkörper, der durch seine gigantische Masse den gesamten Raum der Galaxie dominiert. Jede dieser Sonnen bzw. jedes Doppelsternsystem bildet einen eigenen Raum, der gegebenenfalls auch ein Planetensystem enthält. Jeder Sonnenraum ist jedoch Teil des galaktischen Raumes, da jede Sonne Trabant der galaktischen Zentralmasse ist.

Nun fragt sich, ob diese Raumordnung auch für die Galaxien selbst gilt? Bilden auch sie nur Teilräume in einem größeren Raum? Das scheint folgerichtig. Allein der Gedanke, dass, wenn sie selbst auch nur Trabanten sind, sie Trabanten einer weit größeren Zentralmasse sein müssen, lässt uns vor dem Fortführen dieser Gedankenkette zurückschrecken.

Doch nimmt man inzwischen an, dass auch Galaxien in Gruppen zusammen-

18. Kapitel

gefasst sind. Die astronomische Forschung hat zudem festgestellt, dass es im Universum durchgängig eine Art Blasenstruktur gibt. Galaxiegruppen scheinen sich jeweils auf den „Oberflächen" solcher Blasen zu bewegen. Eine solche Struktur verleitet zu der Annahme, dass diese Blasen das Ergebnis gravitativer Raumformungen sind, und dass sich in ihren Zentren folglich gigantische Totale Massen befinden, die den Blasenraum formen.

Der Gedanke mag erschrecken, denn die dazu nötigen Massezentren würden unvorstellbare Ausmaßen besitzen, da sie etwa das 6-fache der gesamten, auf der Blasenoberfläche sichtbaren und unsichtbaren Galaxiemassen beinhalten müssten. Das scheint unmöglich. Doch es ist nicht lange her, da hielt man die bloße Existenz Totaler Massen für abstrus. Und erst seit wenigen Jahren kennt man die gigantischen Massezentren der Spiralgalaxien. Es ist die offensichtliche Verteilung der sichtbaren Materie auf den scheinbaren „Oberflächen" überall erkennbarer Raumblasen, die den Gedanken an bisher unvorstellbar geglaubte Totale Massen in den Zentren dieser Blasen nahe legt.

Diese Annahme könnte helfen, eine Frage der modernen Kosmologie und Astrophysik zu lösen. Die Blasenzentren könnten die Orte sein, an denen die gesuchte dunkle Materie existiert, die man in großem Umfang im Raum vermutet, da ihre Wirkung gravitativ nachweisbar ist. Es könnte sich erweisen, dass es sich dabei um ganz gewöhnliche Materie handelt, die jedoch auf immer unsichtbar bleibt und nur durch ihre in den Raum hineingeschriebene Gravitationswirkung erkennbar ist. Die universelle Blasenstruktur wäre dann ein sichtbarer Abdruck der dunklen Materie im Raum. Ihre Vermessung ermöglicht die Suche nach den Gravitationslinseneffekten, durch die die Blasenkerne nachgewiesen werden können.

Falls sich das Universum also ein unendliches Meer von Raumblasen erweist, jeweils aus Massekern und Galaxienschale bestehend, würde dieses Modell der Theorie einer fraktalen Struktur der Materie entsprechen, die besagt, dass Grundmuster der materiellen Ordnung sich in allen Größenordnungen stets wiederholen. Die Struktur eines Planetensystems, ja die Struktur eines Atoms erwiese sich als universelles Modell, das in jeweils modifizierter Form in allen denkbaren Größenordnungen auftritt.

Die blasenartige Struktur des Raumes und die Bewegung von Galaxiegruppen auf diesen scheinbaren Blasenoberflächen, ist als solches kaum noch umstritten[76]. Das die Blasen das Ergebnis von Gravitationswirkungen sind, erscheint folgerichtig.

Allerdings gibt es auch „unordentliche" Strukturen im Universum. So wie erst ein Zentralkörper den Sternen einer Galaxie ermöglicht, auf geordneten Geodäten durch den Raum zu reisen, führt das Fehlen eines Massezentrums dazu, dass die Sterne eines Haufens sich erheblich gegenseitig stören. Solche Verhältnisse herrschen in Kugelsternhaufen. Dort beeinflusst jeder Stern jeden anderen derart stark durch seine Anziehungskraft, dass alle scheinbar „planlos" durchs All tanzen. Ohne gravitatives Massezentrum gibt es keine gravitative Raumordnung. Es fragt sich, was das für die Sterne in solchen Haufen bedeutet?

Vom Erde-Mond-System wissen wir, dass ein Raum stets von der Summe aller Massen gebildet wird, die sich in ihm bewegen. Während der Mond, da selbst mondlos, einen eigenen Raum besitzt, der *ausschließlich* durch seine Masse geprägt wird, ist der von der Erdanziehung beherrschte Raum im Grunde ein Erd-Mond-Raum, weil er durch die Summe der Massen von Erde und Mond geschaffen wird. Da sich der Mond, als Trabant der Erde durch den von der Erdanziehung dominierten Raum bewegt, ist er Teil dieses gemeinsamen Raumes, in dem er selbst einen Teilraum bildet. Der Erd-Mond-Raum bildet als Zwei-Körpersystem somit die einfachste Form eines Gemeinschaftsraumes.

In einem solchen kreisen alle Mitgliedskörper um den gemeinsamen Masseschwerpunkt. Wegen des Mondes liegt der Masseschwerpunkt des Erd-Mond-Raumes nicht im Erdzentrum (so wie er für den Mondraum im Mondzentrum liegt), sondern nur etwa 1600 km unter der Erdkruste, während der Erdmittelpunkt sich etwa 6500 km tief befindet. Erde und Mond kreisen beide um diesen Ort. D.h. die Erde vollführt zusätzlich zu ihrer Eigenrotation und ihrem Umlauf um die Sonne noch eine Schlingerbewegung um das gemeinsame Massezentrum des Erde-Mond-Raumes. Dieses Schlingern ist die Ursache der irdischen Gezeiten.

Man versuche sich nun vorzustellen, die Erde hätte drei, vier, fünf Monde, dann würde sich der Massemittelpunkt des Gemeinschaftsraumes durch die Bewegung dieser Monde ständig verschieben. Die daraus resultierende Schlingerbewegung der Erde würde scheinbar völlig chaotische Gezeitenbewegungen hervorrufen. So etwa muss es im Innern von Sternenhaufen zugehen. Jeder Stern vermag jeden so stark abzulenken, dass keinerlei geordnete Bahnen möglich sind. Diese Gebilde sind daher äußerst instabil. Es werden nicht nur zuweilen Sterne infolge ungünstiger Massekonstellationen aus dem Haufen herausgeschleudert, die Haufen selbst drohen bei Kollision mit anderen Haufen oder Galaxien zu zerfallen.[77]

Doch, wo wir regelmäßige Strukturen im Universum entdecken, können wir ordnende Raumkräfte in Form dominanter Zentralmassen vermuten. An Hand dieser

18. Kapitel

Zentralmassen lässt sich so etwas wie eine hierarchische Raumordnung aufstellen. Der Mond bildet als satellitenloser Himmelskörper einen ungeteilten Eigenraum aus, der jedoch als ganzes einen Teilraum im Erdraum bildet, da der Mond ein Trabant der Erde ist. Der Erd-Mond-Raum bildet einen Unterraum im Sonnenraum, da die Erde ein Planet der Sonne ist. Die Sonne dominiert zwar unser Planetensystem, ist aber selbst Trabant der Zentralmasse der Milchstraße. Der Sonnenraum bildet daher einen Unterraum innerhalb der Galaxie. Die Milchstraße ist möglicherweise Trabant einer noch gewaltigeren Zentralmasse im Innern der Raumblase auf deren scheinbarer Oberfläche sie sich bewegt. Demnach würde sie einen Unterraum im Blasengroßraum bilden.

Da die Mehrheit der Sterne in Spiral- oder Elliptischen Galaxien bzw. ihren Vorformen, den Quasaren, angeordnet sind und das gesamte erkennbare Universum eine überall ähnliche Blasenstruktur aufweist, kann die hier aufgezeigte hierarchische Raumordnung möglicherweise als universelle Struktur angesehen werden.

Wir könnten es mit unserer Suche nach der Struktur des Universums hierbei bewenden lassen. Doch es gibt da eine offene Frage, die dazu verführt, den Dingen weiter auf den Grund zu gehen, um vielleicht ein weiteres Geheimnis des Universums zu enthüllen. Denn möglicherweise sind auch die Blasen nur Teil eines größeren Raumes. Zu dieser Annahme verleitet die bisher nicht beantwortete Frage, wo denn all die gravitativen Feldlinien der Himmelskörper enden, die nirgendwo auf eine andere Masse treffen? Denn, da Gravitation ein monopolares Feld ist, dass von nur einem Massepunkt aufgespannt wird, kann ein solches Raumfeld nur aufgespannt bleiben, wenn es Gegenpole in angrenzenden Feldern und fremden Massen findet. Ein sich tendenziell zusammenziehender Gravitationsraum kann nur durch die Kontraktionskräfte angrenzender Felder offen gehalten. Ohne solche Kräfte würde das Feld kollabieren und der Raum sich schließen.

Wenn Raum nur existieren kann, indem er durch angrenzende Räume offen gehalten wird, zwingt das zu der Annahme, dass das Universum unendlich ist, da an jede Raumblase eine weitere anschließen muss. Genauso gut wäre es natürlich auch denkbar, dass das Universum unendlich wächst, dass sich an seinen Rändern also beständig neue Massen und damit neue Räume bilden, die die bereits geöffneten Räume offen halten. Das tatsächliche Nichts jenseits des Universums müsste demnach, möglicherweise durch Kollision mit dem wachsenden Universum, ständig neue Masse und damit ständig neue Gravitationsräume hervorbringen. Das wäre als eine Art Kettenreaktion vorzustellen.

Doch, wenn Gravitation eine monopolares Feld ist, dass nicht nur nur einen Pol hat, sondern auch nur einen Impuls kennt: Kontraktion, wie kann sich ein Raumfeld dann öffnen? Es muss eine zweite Kraft im Universum geben. Eine Kraft, die alles auseinander treibt.

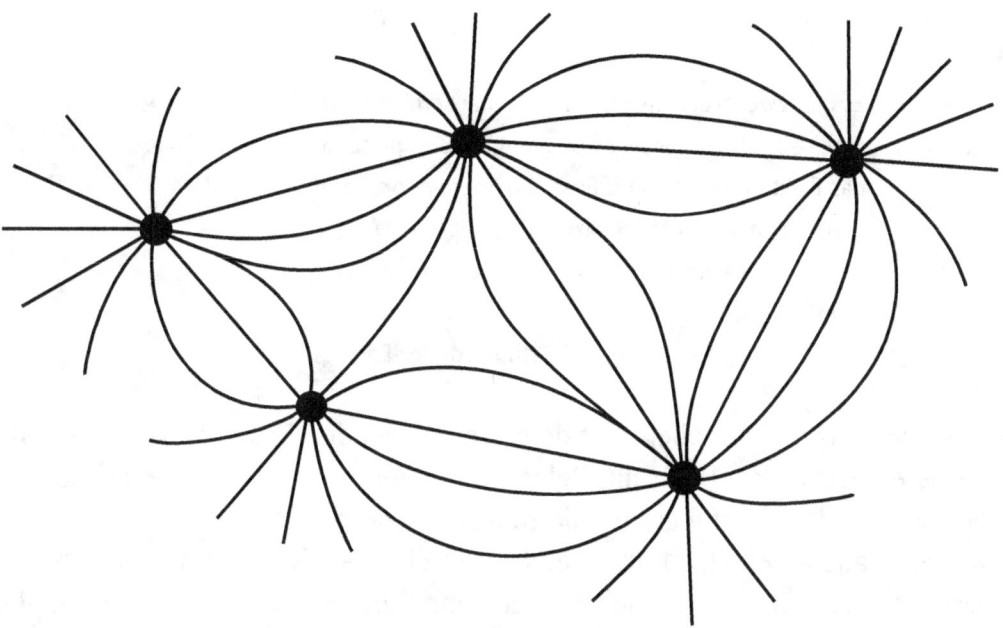

Abb. 14: Monopolare Gravitationsfelder können nur dann stehende Wellen und damit offene Räume bilden, wenn sie einen Gegenpol in einem anderen Feld finden. Da jedes Gravitationsfeld bestrebt ist, sich zusammenzuziehen, halten sie sich gerade dadurch gegenseitig offen. Die zusammenziehende Kraft eines jeden Feldes wird so zur Anziehungskraft zwischen zwei Körpern. Doch fehlen angrenzende Massen, zieht sich ein Gravitationsfeld zwangsweise zusammen und schließt so den Raum.

19. Was ist Licht?
Photonen — Botengänger der Masseteilchen

> Um zur Wahrheit zu gelangen, muß man sich einmal im Leben entschließen, alles zu bezweifeln — soweit dies möglich ist.
>
> Rene Descartes[78]

> Es gibt zwei Möglichkeiten, Licht zu absorbieren. Bei der einen absorbiert das Atom so gierig, daß es platzt und das Elektron mit der überflüssigen Energie fortfliegt. ... Bei der anderen Möglichkeit absorbiert das Atom nicht ganz so gierig. Es platzt nicht, aber es schwillt sichtlich an.
>
> Arthur Stanley Eddington[79]

Wir haben uns bisher vor allem mit dem Wesen und den Gesetzen von Gravitation und Masse beschäftigt. Doch die Relativitätstheorie entsprang, wie im Kapitel 7 gezeigt wurde, dem Konflikt, dass die Bewegung des Lichts — gemeint sind damit im weiteren alle Arten elektromagnetischer Wellen — nicht mit den Gesetzen der klassischen Mechanik beschrieben werden kann. Doch worin besteht überhaupt der Konflikt zwischen Elektrodynamik — also der Bewegung elektromagnetischer Wellen — und Mechanik — also der Bewegung von Masseobjekten?

Zentrale Aussage der speziellen Relativitätstheorie ist das Postulat der Konstanz der Lichtgeschwindigkeit. Es wurde im Kapitel 5 gezeigt, wie es zu diesem Postulat kam. Es scheint jeder Logik zu widersprechen, weshalb sehr viel experimenteller Aufwand betrieben wurde, dieses Postulat zu überprüfen. Dabei zeigte sich, dass die Lichtgeschwindigkeit tatsächlich unabhängig von der Geschwindigkeit der Lichtquelle ist.

So hat man im Kernforschungszentrum CERN Protonen auf *fast* Lichtgeschwindigkeit beschleunigt und dann auf ein Hindernis prallen lassen. Dabei entstanden unter anderem sogenannte π^0-Mesonen, die ihrerseits mit nahezu Lichtgeschwindigkeit weiterflogen. Diese strahlten nach kurzer Zeit zwei Lichtquanten (Photonen) ab.[80]

Obwohl sich die Mesonen also mit *nahezu* Lichtgeschwindigkeit bewegten, flogen die Photonen „nur" mit Lichtgeschwindigkeit weiter, genauso, als wären sie von einem ruhenden Teilchen ausgesandt worden. Die Geschwindigkeit der Quelle – der Mesonen – hatte folglich keinen Einfluss auf die Geschwindigkeit der Photonen. Denn diese flogen *nicht* mit (beinahe) *doppelter* Lichtgeschwindigkeit davon, wie aus den Gesetzen der Ballistik folgen würde.

Die Fahrtgeschwindigkeit der Kanone (des Mesons) addiert sich in der Elektrodynamik *nicht* zur Abschussgeschwindigkeit des Geschosses (des Photons). Denn egal, ob Photonen, vom in Ruhe befindlichen Wolframdraht der Glühbirne der Zimmerlampe oder von den rasenden Teilchen in Teilchenbeschleunigern abgestrahlt werden, sie fliegen immer genau mit Lichtgeschwindigkeit. Ihre Geschwindigkeit entspringt offensichtlich einem Eigenimpuls, der nichts mit der Bewegung der Lichtquelle – d. h. ihres Ursprungs – zu tun hat. *Bemerkenswert ist also, dass es Photonen genauso leicht fällt, von der Zimmerlampe – also aus dem Stand – mit Lichtgeschwindigkeit zu starten, wie es sie unbeeindruckt lässt, wenn ihre „Startrampe" mit fast Lichtgeschwindigkeit rast. Physikalisch legt das den Schluss nahe, dass es zwischen Lichtquelle – also dem abstrahlenden Teilchen – und Lichtquant keinen kinetischen Übergang gibt.*

Tragen wir zusammen, was wir über Elementarteilchen und Lichtquanten wissen, ergibt sich eine verblüffend einfache Lösung des Problems. Wir wissen das Licht- bzw. Energiequanten bzw. Photonen elektromagnetische Wellen darstellen. Nach bisheriger Erkenntnis besitzen sie *keine Ruhemasse*, da auch bei Lichtgeschwindigkeit an ihnen kein Gewicht feststellbar ist. Auf der anderen Seiten wissen wir, dass Protonen sowie Neutronen und Elektronen Masseteilchen sind, die nicht nur eine messbare Ruhemasse besitzen, sondern nachweislich, mit wachsender Geschwindigkeit eine – irreführenderweise als Massezunahme bezeichnete – Gewichtszunahme erfahren. Wir können diese Masseteilchen in Teilchenbeschleunigern zertrümmern, indem wir sie mit hohen Geschwindigkeiten aufeinander prallen lassen, wobei oft Photonen unterschiedlicher Energie freigesetzt werden.

Zwischen Photonen und Masseteilchen gibt es somit zunächst zwei erkennbare Unterschiede. Während sich Photonen *stets* mit Lichtgeschwindigkeit bewegen, können Masseteilchen diese *niemals* erreichen. Während die einen Masse besitzen und mit zunehmender Geschwindigkeit an Gewicht zunehmen, scheinen die anderen masselos zu sein. Gemeinsam ist beiden eine Wellenstruktur. Allerdings lässt sich das Photon als masselose und damit reine, elektromagnetische Welle denken, während wir uns die Masseteilchen als Wellenteilchen vorstellen müssen, die eine

19. Kapitel

Materiewelle besitzen.

Einen weiteren Hinweis auf das unterschiedliche Wesen von Photonen und Masseteilchen erhalten wir, wenn wir Atome mit ihnen beschießen. So ist bekannt, dass der Beschuss *sehr großer* Atome mit Neutronen Kernspaltungsprozesse auslöst. Den Elektronen können wir hingegen mit Neutronen kaum beikommen.

Bestrahlen wir hingegen ein beliebiges Atom mit Lichtquanten, so bläht sich das Atom mit wachsender Bestrahlung auf. Ist diese hinreichend intensiv, gelingt es schließlich Elektron für Elektron aus der Hülle zu lösen, so dass diese davonfliegen.

Während Masseteilchen Kerne zerschmettern, lösen Photonen Elektronen aus der Schale. Während Masseteilchen ein Atom relativ wahllos zertrümmern, kann durch Photonenbeschuss ein Atom relativ systematisch in seinen Bestandteile zerlegt werden. Nach der Befreiung der Elektronen aus der Hülle können durch entsprechend intensiven Beschuss schließlich auch die Kerne in ihre Bestandteile zerlegt werden, so dass das Atom schließlich zu Plasma zerfällt.

Photonen können also die Bindungskräfte zwischen allen Atombausteinen aufheben, weshalb man Lichtquanten in Form harter (d.h. energiereicher) Laserstrahlen auch zum Schneiden verwenden kann. Diese Fähigkeit der Photonen — sämtliche atomare Bindungen lösen zu können — in Verbindung mit ihrer stets konstanten Geschwindigkeit lassen sie als etwas von den Masseteilchen sehr verschiedenes erscheinen.

Tragen wir diese Unterschiede zusammen und sehen dann, ob wir den gordischen Knoten zerschlagen können.

1. Wir wissen, dass Photonen Träger elektromagnetischer Wellen sind. Wir können sie als kleinste magnetische Feldeinheit betrachten. Ein Magnetfeld kann unter Umständen ein Gegenfeld zur Gravitation darstellen, was sich daran zeigt, das Magnetfelder Massen entgegen der Schwerkraft bewegen können.
2. Photonen können sich als Lichtquanten frei im Raum bewegen. Sie treten also als *eigenständige* Strukturen auf, die EINSTEIN zufolge nicht mal mehr eines Schwingungsmediums in Form eines Äthers bedürfen.
3. Photonen besitzen keine Ruhemasse, was den Schluss erlaubt, dass sie gar keine Masse besitzen, sondern reine Feldstrukturen darstellen. Es fragt sich daher, ob die durch sie erzeugten elektromagnetischen Felder gerade deshalb der Gravitation entgegenarbeiten können, weil die masselosen Photonen der Gravitation nicht unterworfen sind? Dank EINSTEIN wissen wir jedoch, dass

Gravitation auch auf Photonen wirkt. Unklar ist bisher jedoch, in welcher Weise, da sie eben keine Masse besitzen?
4. Photonen sind Energiequanten und können jederzeit (bei entsprechender Anregung) von Elementarteilchen absorbiert oder emittiert werden. Dabei spielt die Geschwindigkeit der sie empfangenden oder aussendenden Elementarteilchen keine Rolle.
5. Photonen bewegen sich *stets* mit Lichtgeschwindigkeit, einer Geschwindigkeit, die Masseteilchen *niemals* erreicht.
6. Die Energie der Photonen hängt, anders als bei den Masseteilchen, nicht von ihrer Geschwindigkeit, sondern von ihrer Frequenz und Wellenlänge ab.

Absorption und Emission werden als Vorgänge verstanden, bei denen das Photon vom Masseteilchen aufgenommen bzw. von diesem abgestrahlt wird. Man nimmt nun an, dass Photonen durch Verwandlung von Masse in Energie entstehen und umgekehrt wieder verschwinden. Aus dieser These wurde der Satz von der Äquivalenz von Masse und Energie abgeleitet. Doch makroskopisch gilt der Satz von der Erhaltung der Masse. Wie geht das alles zusammen?

Im Grunde gar nicht. Hierin steckt das gesamte Dilemma der Teilchenphysik. Der Widerspruch zwischen mikroskopischer und makroskopischer Struktur der Materie scheint unauflösbar. Dreh- und Angelpunkt der gesamten Widersprüchlichkeit ist neben dem beschriebenen konträren Verhalten von Photonen und Masseteilchen das makroskopisch scheinbar nicht vorstellbare Wellenteilchen. Man versucht herauszufinden, ab welcher Größe der Wellencharakter der Teilchen verschwindet, und diese zu den scheinbar wellenlosen Strukturen der makroskopischen Welt werden.

„Was die größten Objekte anbelangt, die noch Welleneigenschaften zeigen, wird der Rekord gegenwärtig von der Gruppe um Anton ZEILINGER an der Universität Wien gehalten. Dort wurde mit Fullerenen experimentiert. Diese Moleküle bestehen aus sechzig oder sogar siebzig Kohlenstoffatomen und sehen wie kleine Fußbälle aus. In einem Doppelspaltversuch zeigte sich tatsächlich ein Interferenzmuster, das mit dem Wellenbild in Einklang ist. Dies ist umso überraschender, als man diese schon recht großen Moleküle in mancher Hinsicht als klassische Objekte verstehen kann."[81]

Das ganze Unverständnis scheint allein darin begründet, dass die uns makroskopisch

19. Kapitel

vertrauten irdischen Körper, als Zwischengrößen zwischen den mikroskopischen Teilchen und den astronomischen Objekten infolge des dominanten Gravitationsfeldes der Erde keinen offenen Körperraum besitzen (siehe Kapitel 17). Betrachten wir jedoch die Welt der Himmelskörper, dann stellen wir fest, dass auch diese so etwas wie gigantische Wellenteilchen darstellen, da jede astronomische Masse untrennbar mit ihrem Gravitationsraum verbunden ist.

Wenn wir uns fragen, wo genau denn die Erde endet und der Kosmos beginnt, werden wir schnell in Verwirrung geraten. Denn offensichtlich ist die Erde größer als die Erdkugel. Wäre dem nicht so, würden wir zwar auf der Erde stehen, aber nicht auf ihr leben können. Denn die Atmosphäre ist zwingende Voraussetzung unserer Existenz. Wo genau aber endet ihre Atmosphäre? Vielleicht bei 10 000 km, dort, wo die Thermosphäre in den interstellaren Raum übergeht? Doch dann würden große Teile der Magnetosphäre nicht mehr zur Erde gehören, obwohl diese Zone sehr wichtig für das Leben auf der Erde ist, denn sie schirmt uns vor der hochenergetischen kosmischen Strahlung ab.

Nun ist die Magnetosphäre durch den Sonnenwind sehr deformiert. Sie beträgt an der, der Sonne zugewandten Seite nur circa 9 Erdradien, also etwa 60 000 km. An der abgewandten Seite erstreckt sie sich dagegen über mehr als 6 Millionen km in den Raum. Wo also ist die Erde zu Ende? Unter diesem Blickwinkel scheint es naheliegend, die Erde mit dem Erdraum gleichzusetzen. Der Raum ist das notwendige, nicht loslösbare Feld zur Masse. *Was der Raum für den Himmelskörper, ist die Welle für das Teilchen – ein untrennbarer Bestandteil der Masse.*

Es liegt nahe, beide Erscheinungen auf eine Ursache zurückzuführen und Körperraum wie Teilchenwelle als Gravitationsfeld zu betrachten. Die Kugelwelle des Elementarteilchens ist sein gravitativer Wellenraum, die kleinste Einheit des Gravitationsfeldes. Das Wellenteilchen besitzt eine makroskopische Entsprechung in den raumbildenden Himmelskörpern. Es ist ein Fraktal der kosmischen Körper, so wie die kosmischen Körper Abbilder der elementaren Struktur der Materie sind.

Jedes Elementarteilchen besitzt offensichtlich ein eigenes, mit ihm untrennbar verbundenes Gravitationsfeld. Nun wissen wir, dass Photonen als kleinste Einheiten des elektromagnetischen Feldes eine Art Gegenfeld zum Gravitationsfeld darstellen. Werden diese Gegenfelder nun durch Verwandlung von Masse in Energie gebildet, so dass sie von den Elementarteilchen abgestrahlt werden können und findet bei Absorption umgekehrt eine Verwandlung von Energie in Masse statt, indem die Photonen von den Elementarteilchen aufgenommen werden? So wird es bisher gedacht, doch korrespondiert diese Vorstellung weder mit dem Gesetz von der Erhaltung der Masse, noch mit dem Phänomen, der Konstanz der Lichtgeschwindigkeit der Photonen.

Es scheint daher sehr viel naheliegender, dass Photonen sich bei Absorption nicht mit der *Teilchenmasse*, sondern nur mit dem *Massenfeld* vereinigen. Die Absorption eines Photons durch ein Elementarteilchen ist dann ein Vorgang, bei dem ein Photon auf eine Umlaufbahn um das Elementarteilchen gezwungen wird, während Emission die Befreiung eines Photons aus einer Umlaufbahn ist. Dies würde erklären, wieso die Geschwindigkeit der Photonen bei Emission stets unabhängig von der Geschwindigkeit des Teilchens ist.

Diese Vorstellung von Energieübertragung zwischen Teilchen würde auch dem Satz von der Erhaltung der Masse genügen. Energie wäre dann stets nur Feldenergie und Masse bliebe stets Masse. Die Äquivalenz von Masse und Energie folgt dann daraus, dass Masse offensichtlich in der Lage ist eine bestimmte Menge Energie zu binden. Jedes Masseteilchen besitzt aufgrund seiner Gravitation scheinbar die Fähigkeit eine bestimmte Menge Photonen auf Umlaufbahnen zu zwingen und damit quasi zu Hüllenphotonen zu machen.

Dieses Modell der Elementarteilchen scheint in der Lage, zahlreiche Widersprüche zwischen Mechanik und Elektrodynamik sowie zwischen mikroskopischer und makroskopischer Welt aufzulösen. Doch lässt sich damit auch erklären, was Licht ist?

Der Umstand, dass Photonen auch Lichtquanten oder gar Lichtteilchen genannt werden, darf nicht zu der Annahme verleiten, dass sie Licht im eigentlichen Sinn darstellen. Wäre dem so, dann wäre das Universum von Lichtstreifen durchzogen, denn wir würden jeden Photonenstrahl auf seinem Weg durchs All direkt sehen können. Dem ist aber nicht so. Photonen sind nicht sichtbar, solange sie sich frei durch einen masseteilchenlosen Raum bewegen. Sichtbar werden sie erst, wenn sie auf ein Masseteilchen treffen, auf den Spiegel eines Teleskops, die Photoplatte einer Kamera, die Netzhaut unseres Auges, etc. Ein freies Photon ist somit genauso wenig sichtbar, wie ein sogenanntes Schwarzes Loch, was wir Totale Masse, da es Masse in seiner ultimativen Form darstellt.

Das führt zu der erstaunlichen Erkenntnis, dass Masseteilchen wie Photonen nur in dem Moment sichtbar werden, indem sie zusammentreffen. So wie einerseits der Himmel auf dem Mond auch am Tag schwarz ist, da die von der Sonne kommenden Photonen oberhalb des Mondbodens keine Masseteilchen in Form atmosphärischer Gasmoleküle vorfinden, mit denen sie zusammenstoßen können, um zu leuchten, so

19. Kapitel

sehen wir andererseits den Lichtstrahl eines zum Himmel gerichteten Scheinwerfers um so deutlicher, je mehr Staubteilchen oder Nebeltröpfchen sich in der Luft befinden.

Licht ist der Ausdruck einer Interaktion zwischen einem Photon und einem Massepunkt. Licht ist der Moment der Emission eines Photons durch ein Masseteilchen. Licht ist der Augenblick des Aufreißens eines Photonenrings, durch Trennung der Antipole des Photonenfeldes, die beim Hüllenphoton verbunden waren. Licht markiert die Verwandlung eines gebundenen Photons in ein freies.

Man kann Licht daher auch als Sprache der Materie bezeichnen. Das Photon transportiert die Information des Zustandes seines Emitterteilchens als freies Photon durch den Raum, um diese Nachricht auf jenes Teilchen zu übertragen, von dem es absorbiert wird. Das Masseteilchen bildet dabei Sender und Empfänger sowie Wellenmodulator, das Photon spielt den Boten. Der Augenblick des Lichts markiert das Absenden einer Materiebotschaft, nicht mehr und nicht weniger.

20. Die Struktur der Materie
Photonen — Hefe im Masseteig

> Mache die Dinge so einfach wie möglich — aber nicht einfacher.
>
> Albert Einstein[82]

> Irgendein Stück Materie, das erhitzt wird, beginnt zu glühen, es wird rot- oder schließlich weißglühend bei hohen Temperaturen. Die Farbe hängt nicht sehr stark von der Oberfläche des Materials ab, und für einen schwarzen Körper wird sie sogar allein durch die Temperatur bestimmt.
>
> Werner Heisenberg[83]

Ohne diese Gedanken hier ausführen zu können, kann Licht möglicherweise als Feldriss, als Nichtfeld, betrachtet werden. Wenn Licht durch das Aufreißen eines Photonenringes entsteht, weil die bei Absorption verschmolzenen Feldpole bei Emission auseinandergerissen werden, ist vorstellbar, dass der Riss im Photonenfeld nicht zeitgleich durch ein Eindringen des Gravitationsfeldes ausgefüllt wird, so dass uns eben dieser Feldriss als Licht erscheint. Vorerst handelt es sich hierbei jedoch um reine Spekulation. Für ein solches Modell spricht allerdings die durch PLANCK entdeckte Quantelung der Energie, da diese nur in Form diskreter Pakete abgegeben wird.

Eine durch die Gravitationsfeldstärke der Masseteilchen bzw. Teilchenverbände (Kerne, Atome oder Moleküle) vorgegebene Ring- bzw. Bahngröße würde eine definierte Wellenlänge und folglich eine bestimmte Frequenz und Feldgröße der jeweils absorptionsfähigen Photonen erzwingen. Jedes Masseteilchen könnte dann nur bestimmte Photonen absorbieren, da die gravitativ bedingte Bahnlänge und die energetisch bedingte Wellenlänge korrelieren müssten.

Für ein Modell, in dem die Energiequanten sich nicht mit der Teilchenmasse vereinigen, sondern diese nur in Schalen umkreisen, sprechen vor allem die Konstanz der Lichtgeschwindigkeit, unabhängig von der Bewegung der Quelle, wie die Masselosigkeit der Photonen. Sehen wir ein Masseteilchen als einen winzigen Himmelskörper mit eigenem, untrennbar verbundenen Gravitationsfeld an, dann liegt es

20. Kapitel

nahe anzunehmen, dass die Absorption von Photonen gerade dadurch erfolgt, dass die Photonenfelder den Massekern des elementaren Gravitationsfeldes umkreisen, da sie eben gerade nicht in die eigentliche Masse eindringen können. Masse erscheint in diesem Modell als Singularität, als Ort des Nichtfeldes. Betrachten wir das Photonenfeld als kleinste, elementare Einheit des Magnetfeldes, dann scheint es möglich, alle subatomaren Erscheinungen und Wechselwirkungen als Interaktionen der beiden gegensätzlichen Elementarfelder darzustellen.

Der Gedanke, dass die Welt im Grunde aus Feldkräften besteht, hat zunächst etwas irritierendes, weil wir uns Felder, wegen ihrer stofflosen Struktur, im Grunde nicht vorstellen können. Doch so wie ein Magnet Eisen berührungslos zu bewegen vermag, so werden wir beim scharfen Bremsen durch eine unsichtbare, nichtstoffliche Kraft nach vorn gezogen oder geschoben. Beides sind Wirkungen von Feldkräften, denen wir überall ausgeliefert sind. Wir spüren sie und müssen zur Kenntnis nehmen, dass die durch die klassische Mechanik beschriebene Art der Kraftübertragung durch konkret stoffliche Interaktion eine Illusion ist.

Wir erliegen ihr, weil sämtliche Körper auf der Erdoberfläche ein geschlossenes Raumfeld besitzen. Doch bedeutet dies nicht, dass sie keinen Körperraum bilden. Zwar fallen Körperoberfläche und Körperraumgrenze makroskopisch zusammen, doch unter dem Mikroskop zeigt sich, dass der Körperraum nur mikroskopisch klein geworden ist. Er zeigt sich als BROWNsche Molekularbewegung, die allen Körpern unweigerlich eigen ist. Jeder Körper „macht" eine Welle, denn jeder elementare Massepunkt ist von einem elementaren Gravitationsfeld umgeben.

Dieses Feld füllt nicht nur den „weiten" Raum im Innern eines Atoms aus, der die Elementarteilchen bekanntermaßen voneinander trennt. Es füllt auch den Raum zwischen den Atomen und zwischen den Körpern aus. So sind nicht nur Elementarteilchen, sondern auch Atome, Moleküle und makroskopische Körper letztlich nur über Feldkräfte miteinander verbunden und interagieren mittels dieser.

So geschieht es nie, dass, wenn wir zum Beispiel eine Tasse anheben, tatsächlich die elementaren Masseteilchen unserer Handmoleküle die elementaren Masseteilchen der Tassenmoleküle berühren. Die hier scheinbar stofflich direkt stattfindende Kraftübertragung ist, bei entsprechender mikroskopischer Betrachtung, nur eine Interaktion zwischen Feldern. So erweisen sich die mechanistischen Impulsübertragungen der klassischen Mechanik als ausschließlich durch Felder bewirkte Kraftvermittlungen. Was wir als Körper wahrnehmen sind, durch im Raum verteilte Masseteilchen geschaffene Gravitationsräume. Die Kraftübertragung zwischen zwei Körpern ist daher stets eine Kraftübertragung zwischen zwei Gravitationsfeldern.

Felder bilden die wesentliche Struktur der Materie. Doch nehmen wir ihr Wesen genauso wenig wahr, wie uns bewusst ist, dass jede Art von Getränk ganz gleich ob Saft, Milch, Bier, Wein oder Schnaps überwiegend aus Wasser besteht. Die Zusätze an vielleicht nur 1% Fruchtzucker, 1,5-4,5% Milchfett oder 3-45% Alkohol erscheinen uns als das Wesentliche und sie bestimmen durchaus sehr maßgeblich die Wirkung des Getränks. Trotzdem überwiegt in jedem Getränk, selbst in den (trinkbaren) Spirituosen etwas, was wir scheinbar nicht wahrnehmen, was aber letztlich die Basis darstellt — in diesem Fall Wasser. Wir kennen die Fakten doch sie entziehen sich unserer sinnlichen Wahrnehmung — Milch scheint von Wasser grundverschieden zu sein.

Genauso wissen wir auch um die große (vermeintliche) Leere im Innern eines Atoms. Doch auch hier fehlt die sinnliche Erfahrung, dass diese „Leere" das Maßgebliche ist; eine Feldstruktur, in der die Massepunkte quasi als Aroma fein verteilt sind. Materie scheint anfassbar, doch alles, was wir greifen sind Felder.

Kraftfelder sind die alleinigen Kraftvermittler, sie bilden die eigentliche „Substanz". Wenn wir uns dieser Felder im Innern eines Atoms bewusst werden, ist es da abwegig anzunehmen, dass auch das Universum aus Feldern besteht, in denen die Himmelskörper als vergleichsweise winzige Massepunkte sehr locker verteilt sind?

Wir können nicht umhin festzustellen, dass unsere Erde wesentlich größer ist als ihr sogenannter Schwarzschildradius, der Radius, den sie bei vollständiger Kompression ihrer Elementarteilchen zu reiner Masse einnehmen würde. Denn dann betrüge ihr Durchmesser kaum 2 cm. Wenn wir bedenken, dass dieser Fingerhut reine Erdmasse einen Raum von mehr als ½ Millionen km Durchmesser bildet, wird das Volumenverhältnis zwischen Masse(punkt) und Feld(raum) im Universum erahnbar. Materie tritt im wesentlichen in Form von Feldkräften in Erscheinung.

Eine Feldkraft, die Gravitation, geht von vergleichsweise winzigen Massepunkten aus und bildet so die elementaren Wellenteilchen. Das zweite Feld, das wir kennen, das Magnetfeld, wird in seiner elementarsten Form von Energie- bzw. Lichtquanten, den Photonen gebildet. Gravitationswellenteilchen — kurz Wellenteilchen — und Photon bilden als elementare Gegenfelder die Grundbausteine der Materie.

Nun ist bekannt, dass es unterschiedlich elektrisch geladene Elementarteilchen gibt. Wenn sich die Ladungszustände jedoch als Folge der Zusammensetzung von Wellenteilchen und Photonen darstellen lassen, wäre das Neutron das einzige reine Wellenteilchen. Betrachten wir dies daher zunächst als elementare Grundform eines

20. Kapitel

Masseteilchens mit eigenem Gravitationsfeld und sehen, wohin uns eine solche Annahme führt.

Elektrizität lässt sich in einem solchen Zwei-Felder-Modell aus der Verbindung von Wellenteilchen und Photonenhülle erklären. Dazu ist es sinnvoll zunächst zusammenzutragen, was wir über die beiden elementaren Feldstrukturen wissen bzw. meinen annehmen zu können.

Gravitation geht, als monopolares Feld von Masse aus. Da Masse „Nichtfeld" und Feld „Nichtmasse" ist, stellt das Wellenteilchen die untrennbare Einheit von Gegensätzen dar, wobei die Masse stets im Zentrum des Feldes gedacht werden muss. Wir wissen, dass winzige Massekerne große Feldräume schaffen können, weshalb wir uns nicht nur subatomar, sondern auch makroskopisch einen Gravitationsraum vorzustellen wagen.

Das Magnetfeld kennen wir als bipolar, wobei es nur selbstbezüglich anziehend wie abstoßend wirkt. Das heißt, ein Stück Eisen wird vom Plus- wie vom Minuspol des Magneten gleichermaßen angezogen; nur zwei Magnetfelder untereinander besitzen auch wechselseitige Abstoßungskräfte, genau dann, wenn zwei gleiche Pole aufeinander treffen, was zu dem Schluss führt, dass die elektrischen Anziehungs- bzw. Abstoßungskräfte Folge der direkten Interaktion von Photonenfeldern sind.

Makroskopisch kennen wir Magnetfelder nur als an Magnete, also an Massen gebundene Felder. Wir können uns ein Magnetfeld ohne dinglichen Magnet nicht vorstellen. Doch besitzen Photonen keine Masse, was zu der These führt, dass nicht die Masse des Magneten, sondern die gleichgeschalteten Photonen innerhalb des Magnetkörpergitters Ursache des Feldes sind. Der Magnet erscheint so nur als Träger des von seiner Masse formal unabhängigen Feldes. Er ist jedoch notwendig, um die dahinrasenden Photonen durch Bindung an die Masseteilchen des Magnetkörpers zur Ausbildung eines ortsfesten Feldes zu bringen. Das elementar masselose Magnetfeld kann makroskopisch so nur durch seine Bindung an Masseteilchen wahrgenommen werden.

Doch scheint aus all dem kaum ableitbar, wieso das Magnetfeld das Gegenfeld zum Gravitationsfeld bilden soll. Zwar ist bekannt, dass Magnetfelder dem Gravitationsfeld entgegen arbeiten können, doch lassen sich nur sehr wenige Elemente entgegen der Schwerkraft bewegen. Sehen wir uns jedoch das Wirken dieser Feldkraft auf der atomaren Ebene an, werden die Fähigkeiten der Photonen sehr viel klarer.

Die Struktur der Materie

Wie im Kapitel 19 beschrieben können Atome durch Photonenbeschuss in Plasma verwandelt werden. D.h. durch fortwährende Absorption von Photonen lassen sich sämtliche atomare Bindungen aufspalten. Wenn wir alle atomaren Bindungskräfte auf die anziehende Kraft der Gravitation zurückführen, folgt aus dem Absorptionsverhalten, der Elementarteilchen, dass die Photonen eben diese gravitativen Bindungskräfte aufheben.

Möglich ist das nur, wenn das Photonenfeld dem Gravitationsfeld der Wellenteilchen genau entgegen arbeitet. Während die Gravitationskräfte bestrebt sind alles zusammenzuziehen, treiben die Photonenfelder alles auseinander. Die Einfachheit dieser Zwei-Felder-Struktur wird dadurch verdeckt, dass die elektrisch geladenen Elementarteilchen selbst bereits Zusammensetzungen aus den zwei entgegengesetzten Feldstrukturen sind. Das vom Massekern gebildete Gravitationsfeld und das von der Photonenhülle gebildete Magnetfeld überlagern sich. Inneratomar liegen die beiden Urkräfte der Materie somit nicht in reiner Form vor, was zu der Annahme führte, dass hier spezielle Kernkräfte wirken, die starke und schwache Wechselwirkung. Es ist jedoch möglich beide Kernkräfte auf die zwei elementaren Feldkräfte zurückzuführen.

Die Entstehung unterschiedlicher elektrischer Ladungszustände kann in einem Zwei-Felder-Modell dadurch erklärt werden, dass rotierende Masseteilchen eine gleich- oder entgegengesetzt rotierende Photonenhülle besitzen. Aus dem Verhältnis des Drehimpulses der Masseteilchen zur Rotationsrichtung der Hüllenphotonen lassen sich die beiden möglichen Ladungszustände erklären. Welcher Ladungszustand welchem Rotationsverhältnis zuzuordnen ist, kann hier jedoch nicht entschieden werden. Die Chancen stünden, wie einst für Franklin, 50:50 falsch zu raten. Bekanntermaßen tippte er bei der Wahl der Flussrichtung des Stromes daneben.

Die elektrische Abstoßung gleich geladener Teilchen ergibt sich dann als Folge der Abstoßung ihrer gleichgerichteten Photonenfelder, während sich entgegengesetzt geladene Teilchen durch ihre entgegengesetzt rotierenden Photonenfelder entsprechend anziehen. Wenn wir die elektrischen Kräfte als Folge der Wirkung der magnetischen Photonenfelder auffassen, lassen sich sämtliche Elementarteilchen (mit Ausnahme der neutralen Neutronen) als Zusammensetzungen der beiden Grundbausteine beschreiben. Die Vielfalt der möglichen Partikeleigenschaften ergibt sich aus der Vielfalt der Kombinationsmöglichkeiten von Wellenteilchen und Photonen. Während sich die Wellenteilchen in Größe und damit in ihrer Gravitationsfeldstärke sowie hinsichtlich ihres Drehimpulses und ihrer Geschwindigkeit

20. Kapitel

unterscheiden, können Photonen in ihrem Energiegehalt, d.h. in Frequenz und Wellenlänge variieren wie auch hinsichtlich ihrer Anzahl innerhalb der Hülle. Ein Atom kann dann wie in Abb. 15 vorgestellt werden.

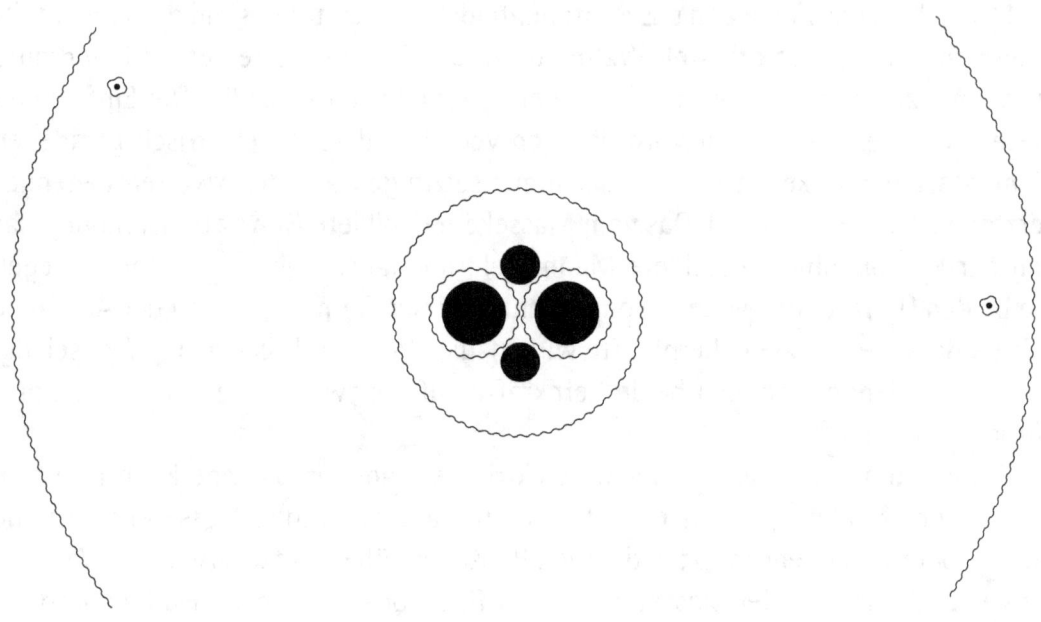

Abb. 15: Modell eines Heliumatoms. Protonen und Elektronen besitzen eine je eigene Photonenhülle, die ihnen ihre jeweilige elektrische Ladung verleiht. Da Protonen und Neutronen als annähernd gleich schwer erscheinen, die Massewirkung der Protonen jedoch durch ihre Photonenhülle abgeschwächt wird, müssen ihre Massenkerne größer sein, als die der reinen Neutronen. Verlieren geladene Elementarteilchen ihre Photonenhüllen, erfahren sie scheinbar einen Massezuwachs. Neutronen scheinen hingegen eine Größe zu besitzen, der eine universell verbotene Frequenz und Wellenlänge entspricht, da sie unter keinen Umständen Photonenhüllen bilden können.
Nicht nur die Elementarteilchen, sondern auch die Atomkerne und die Atome selbst besitzen Photonenhüllen, die ihrerseits wahrscheinlich jeweils entgegengesetzt rotieren. Diese Hüllen bilden möglicherweise ein weiteres Element zur Erklärung der hohen Stabilität der Atome. Die äußere Photonenhülle ist hier nur angedeutet.

Es ist anzunehmen, dass die atomare Photonenhülle maßgeblich an den chemischen wie optischen Reaktionen des Atoms beteiligt ist. Die energetischen Veränderungen der Moleküle infolge chemischer Reaktionen könnten durch Freiwerden bzw. Binden von Hüllenphotonen infolge Verringerung bzw. Vergrößerung der Moleküloberfläche erklärt werden. Es wäre dann verständlich, warum hochmolekulare Strukturen bei ihrer Entstehung Energie binden, die sie bei ihrer Aufspaltung wieder freisetzen. Auch die exothermen Reaktionen der Elemente der ersten Hauptgruppe fänden hierin ihre Ursache. Zum einen scheint es naheliegend, dass die bei diesen Elementen vorliegende Besetzung der äußersten Elektronenhülle mit nur je einem Elektron, dazu führt, dass die atomare Photonenhülle, wegen der geringen Gravitationskräfte in der äußeren Schale, nur schwach gebunden ist, so dass sie durch Hinzutreten anderer Atome mit einer stärker besetzten Außenschale leicht aufgesprengt werden kann. Zum anderen scheint es wahrscheinlich, dass sich, wenn das äußerste Elektron in die Hülle des chemischen Reaktionspartners wechselt, die Oberfläche des neu entstehenden Moleküls deutlich gegenüber der Gesamtoberfläche der beiden Reaktionspartner verringert, wodurch Hüllenphotonen freigesetzt werden, die als Wärmestrahlung entweichen.

Schwieriger wird es schon, sich die Informationsübertragung mittels Photonen vorzustellen. Um erklären zu können, wie Photonen die schier unendliche Vielfalt an Bildinformationen übertragen, von denen die für unser Auge sichtbaren Bilder nur einen winzigen Bruchteil ausmachen, genügt es nicht, anzunehmen, dass Licht der Augenblick der Emission eines Photons ist, also des Aufreißens eines Ringphotons. Der entscheidende Vorgang ist die Wechselwirkung zwischen Photonenfeld und Gravitationsfeld. Wir bewegen uns damit in der Vorstellungswelt der Stringtheorien. Wobei die Photonenstrings nur dann eine selbständige Existenz besitzen, wenn sie sich als freie Photonen durch den Raum bewegen. Geraten sie jedoch zu dicht an ein Masseteilchen heran, dessen Gravitationskraft ausreicht ihre Feldachse derart zu krümmen, dass das Photon auf eine Ringbahn gezwungen wird, und korrespondiert die Bahnlänge mit der Wellenlänge derart, dass die Antipole des Photonenfeldes sich verbinden können, entsteht ein Ringphoton. In diesem gebundenen Zustand wird dem Photonenfeld das spezifische Gravitationswellenmuster ihres Trägerteilchens aufmodelliert.

Wann ein Photon von einem Masseteilchen eingefangen wird, hängt vom Energiepotential des Photons sowie der Gravitationsfeldstärke des Teilchens ab. Je energiereicher das Photon, in desto dichtere Gravitationsfelder kann es eindringen,

20. Kapitel

ohne eingefangen zu werden. Hochfrequente Photonen entstammen daher den Atomkernzonen oder können sogar durch ein Atom hindurchfliegen, ohne absorbiert zu werden.

Die Photonen mit dem Energiepotential des sichtbaren Lichts sind hingegen folgerichtig in der äußeren Atomhülle gebunden und können auch nur in die äußere Atomschicht an der Oberfläche der Körper eindringen, wo sie vollständig absorbiert werden. Hier findet der Austausch optischer Informationen zwischen Atom oder Molekül und Photon statt.

Vorstellbar ist das insofern, als das von einem Atom ausgebildete spezifische Gravitationswellenmuster dem durch dieses Atom gebundenen Photon auf seiner Ringbahn aufmodelliert wird. Die atomare Raumstruktur (das Gravitationswellenmuster) wird durch die Elektronen erzeugt, die dem durch den Kern dominierten atomaren Gravitationsfeld durch ihre Umlaufbewegungen ein ganz bestimmtes Wellenmuster aufprägen. Wird das so mit den spezifischen Atominformationen „beschriebene" Photon infolge Absorption eines fremden Photons aus seiner Ringbahn befreit, trägt es seine aufmodellierte Schwingung durch den Raum, bis es von einem anderen Massepunkt – zum Beispiel von einem Netzhautmolekül unseres Auges – eingefangen wird. Dort gibt es sein mitgebrachtes Schwingungsmuster als Information ab, indem die Fremdschwingung durch das Absorberteilchen überschrieben wird.

Die Informationsübertragung durch Photonen erfolgt diesem Modell zufolge durch wechselseitige Schwingungsübertragung zwischen den zwei elementaren Feldern. Das elementare, atomare, molekulare oder gar makroskopische Gravitationsfeld eines Teilchens oder Massesystems modelliert die Felder der Hüllenphotonen, so dass diese auf dem Weg von Emission und erneuter Absorption ihre Information auf ein fremdes Gravitationsfeld übertragen können.

Während RÖNTGEN- und Gammastrahlen, also sehr hochenergetische Photonen, einer ursprünglichen Bindung an Atomkerne oder Elementarteilchen entstammen, werden langwellige Radio-, Telefonie- oder Wechselstromstrahlen sehr wahrscheinlich von makroskopischen Gravitationsfeldstrukturen modelliert. Hier eröffnen sich allerdings eine Reihe Fragen, die im Rahmen dieses Buches nicht geklärt werden können, denn die makroskopischen Gravitationsfelder werden ihrerseits durch makroskopische Magnetfelder modelliert.

Fest steht, dass bei jedem Absorptionsvorgang Photonenenergie verloren geht. Denn ein Teil dieser Energie muss zur Informationsübertragung, also zur Feldmodulation, aufgewendet werden, wobei sie in Wärme (Feldkompression) umgewandelt wird. Das bedeutet, dass die Energie eines absorbierten Photons stets höher ist als die Energie des durch diesen Energieimpuls emittierten Photons. Durch wiederholte Absorption und Emission wird die Energie der Photonen so gewissermaßen heruntertransformiert. Dies geschieht u.a. in der Erdatmosphäre mit den energiereichen Photonen der Sonne.

Obwohl in dem hier entworfenen Atommodell nur zwei Feldkräfte auftreten, weist schon das elektrisch geladene Elementarteilchen, als ein von Hüllenphotonen umgebenes Wellenteilchen, eine komplexe Feldstruktur auf, die sich aus der Überlagerung seines zentralen Gravitationsfeldes durch ein peripheres Photonenfeld ergibt. Die im subatomaren Bereich immer verwirrender werdenden Feldstrukturen machen es deshalb schwer, hinter der Vielfalt der Erscheinungen das einfache Grundmodell zu erkennen. So hat die Überlagerung der elementaren Gravitationsfelder durch die Magnetfelder der Hüllenphotonen zur Folge, dass die zentrale Kraft des Universums, die Gravitation, im Innern der Atome scheinbar nur eine untergeordnete Rolle spielt. In Wahrheit muss sie jedoch auch hier als wesentliche Kraft angesehen werden.

Dies kann kein Buch über Teilchenphysik werden. Hier kann nur die These aufgestellt werden, dass sich die Komplexität der subatomaren Welt aus der Kombination der zwei Grundbausteine der Materie erklären lässt. Wobei Wellenteilchen sich bereits durch Masse, Drehimpuls und Geschwindigkeit, Photonen hingegen durch Richtung, Wellenlänge und Frequenz unterscheiden, so dass die zwei Grundelemente schon in unterschiedlichen Erscheinungsformen existieren.

Die hier vorgeschlagene Zwei-Felder-Theorie scheint jedoch nicht nur geeignet, die Komplexität der subatomaren Welt physikalisch zu beschreiben, sondern zugleich die Physik des Allerkleinsten mit der des Allergrößten zu vereinen, indem die mikroskopischen wie makroskopischen Erscheinungen auf das Wirken der gleichen Feldkräfte zurückgeführt werden. So wird der Satz von der Erhaltung der Masse wieder allumfassend gültig, erhält also auch volle Gültigkeit für die Welt der Elementarteilchen. Diesen Satz durch das Zwei-Felder-Modell auf die subatomare Welt ausdehnen zu können, ist wohl das schwerwiegenste Argumente für diese Theorie.

Denn, was bisher als Massedefekt beschrieben wurde, muss präziserweise Gewichtsdefekt genannt werden, der sich entweder auf eine Geschwindigkeitsänderung der Teilchen oder auf eine Änderung der Gravitationsfeldstärke in der Umgebung des Massepunktes zurückführen lässt.

Nun kann die Änderung der Gravitationsfeldstärke im subatomaren Bereich nicht nur durch Hinzufügen oder Entfernen von Bezugsmasse erfolgen, wie dies makroskopisch möglich ist. Erinnert sei an das im Kapitel 11 gesagte. Ein Körper besitzt im Gravitationsfeld des Mondes nur $1/6$ seines Erdgewichts, weil seine Bezugsmasse entsprechend geringer ist. Im subatomaren Bereich kann die gravitative Feldstärke auch durch Absorption oder Emission von Photonen geändert werden. Denn da Photonenfelder den Gravitationsfeldern entgegen wirken, Gravitation also aufheben, verringert die Absorption von Photonen die gravitative Feldstärke, während Emission diese erhöht.

Durch Emission von Energiequanten (d.h. durch Freisetzen von Energie!) kommt es somit zu einer scheinbaren Massezunahme. Bekannt ist ein solcher „Massedefekt" z.B. von der Atomkernbildung. Die Masse des Kerns erscheint geringer, als die Summe der Neutronen- und Protonenmassen. Das Zwei-Felder-Modell vermag dieses Phänomen dadurch zu erklären, dass der Atomkern bei seiner Entstehung eine Photonenhülle ausbildet, deren Feldwirkung die Gravitationsfeldstärke der Kernbausteine reduziert. Die Gravitationskraft der Protonen und Neutronen wird durch die Photonenhülle folglich abgeschwächt, was dazu führt, dass ihre nur relativ als Gewicht wahrnehmbare Masse kleiner erscheint. Nicht die Masse, sondern nur die Wahrnehmung derselben über ihre Feldwirkung, ändert sich somit.

Nach dem Masse-Energie-Äquivalenzsatz müsste dies jedoch bedeuten, dass Masse durch Aussendung von Energie entsteht, denn die in der Photonenhülle des Kerns gebundenen Photonen werden ja durch Zerstörung des Kerns freigesetzt. Da diese Energiefreisetzung zu einer „Massezunahme" der nun isoliert vorliegenden Kernbausteine führt. Energie würde demnach nicht in Masse umgewandelt, sondern würde parallel zu dieser entstehen. Das stellt nicht nur den Masse-, sondern auch den Energieerhaltungssatz auf den Kopf.

Nach der Zwei-Felder-Theorie bewahren hingegen Masse- und Energiererhaltungssatz makroskopisch wie mikroskopisch ihre eigenständige Gültigkeit. Sowohl die Masse, als auch die Summe der Feldenergien bleiben in einem geschlossenen System stets konstant. Zu berücksichtigen ist dabei nur, dass die beiden Feldenergien unter bestimmten Bedingungen ineinander umwandelbar sind und dass Masse nur als Gewicht wahrnehmbar ist.

Der These, dass sowohl Teilchenbildungen, als auch Teilchenvernichtungen in Großbeschleunigern nachgewiesen wurden, kann daher nur insofern zugestimmt

Die Struktur der Materie

werden, als sehr wohl Masseteilchen zertrümmert und damit in mehrere kleinere zerlegt wurden, was durchaus als Teilchenentstehung, nicht aber als Masseentstehung oder Massevernichtung bezeichnet werden kann. De facto wurde bisher also kein zweifelsfreier Beweis für eine Zerstrahlung von Masse und Umwandlung in Energie beobachtet. Beobachtet wurden Absorption und Emission von Photonen. Festgestellt wurden Gewichtsänderungen. Auch Antimaterie kann entmystifiziert werden. Wie bekannt, handelt es sich dabei um entgegengesetzt geladene Masseteilchen, also um negativ geladene Protonen und positiv geladene Elektronen. Wenn die elektrische Ladung eines Teilchens sich aus dem Verhältnis des Drehimpulses des Massekerns zur Rotation der Photonenhülle ergibt, bedeutet Antimaterie nichts anderes, als eine Umkehrung der Hüllenrotation bezüglich des Kernspins.

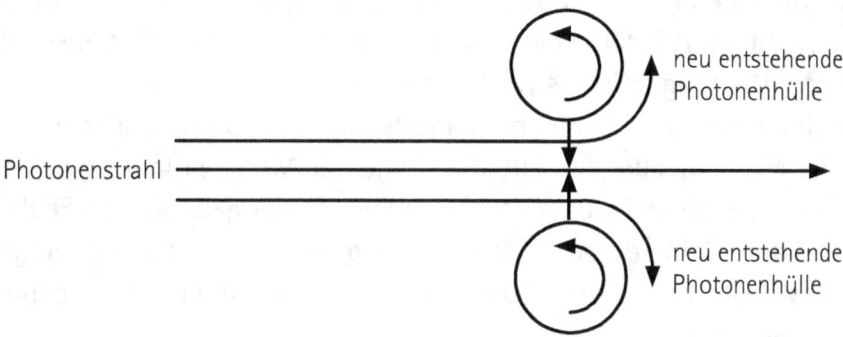

Abb. 16: Modell zur Erklärung der Paarbildung durch Photonenbestrahlung ladungsgleicher Elementarteilchen. Nach Entfernung der Photonenhüllen durch den hochenergetischen Photonenstrahl bewegen die Masseteilchen sich aufgrund ihrer nun ungedämpften Gravitationsfelder aufeinander zu und quetschen dadurch den Photonenstrahl zwischen sich ein. Je näher die Masseteilchen einander kommen, desto stärker wird die Gravitationskraft zwischen ihnen, bis sie schließlich groß genug ist die energiereichen Photonen einzufangen. Um die gleichgerichtet rotierenden Masseteilchen bilden sich entgegengesetzt rotierende Photonenhüllen. Ein Teilchen und sein Antiteilchen sind entstanden.

Tatsächlich wird Antimaterie durch Beschuss von Elementarteilchen mit hochenergetischen Photonen erzeugt, wodurch es zur sogenannten Paarbildung kommt. Doch wenn Elementarteilchen gleicher Ladung mit einem Strahl energiereicher Lichtquanten bestrahlt werden, ist durchaus vorstellbar, dass die

20. Kapitel

vorhandenen Photonenhüllen quasi weggeblasen werden, weil die hochenergetischen Photonen zwar die vorhandenen Hüllenphotonen zur Emission anregen, selbst aber aufgrund ihrer hohen Energie zunächst nicht absorbiert werden können. Geschieht das bei zwei Teilchen gleichzeitig, werden die nun „nackten" Masseteilchen sofort ihrem gravitativen Impuls folgen und sich aufeinander zubewegen. Folglich quetschen sie den Photonenstrahl, der weiter zwischen ihnen hindurchfegt ein, denn die Gravitationsfeldstärke nimmt zwischen ihnen durch die Annäherung der Masseteilchen quadratisch zu. Das so immer stärker werdende Feld vermag die energiereichen Photonen immer stärker abzulenken, so dass diese schließlich zu Hüllenphotonen werden. Da die Photonen jedoch in entgegengesetzten Richtungen abgelenkt werden, bilden sich bezüglich der gleichen Kernspins der Masseteilchen entgegengesetzt rotierende Photonenhüllen.

Solange die Energie der Photonen durch Gravitation an die Masseteilchen gebunden bleibt, verhindern die Photonenfelder den Gravitationskollaps der Masseteilchen. Der Magnetismus wird so zur Hefe im Masseteig.

Die Gleichung $E = m \cdot c^2$ kann physikalisch dann nur so verstanden werden, dass die durch die Masse gebundene Energiemenge der Masse proportional ist, die sie bindet. Die Energiemenge ist dabei stets die Summe der gebundenen Feldenergien. Je größer die durch eine determinierte Masse gebundene Photonenenergie, desto geringer ihre Gravitationsenergie. Die in einer Photonenhülle „gefangene" Masse verliert so an Gewicht.

Andererseits führt der Verlust der Hüllenphotonen, durch Freisetzen derselben, zur Verstärkung des Gravitationsfeldes. Das Massefeld wirkt nun ungedämpft. Der Wegfall der Gravitationsfelddämpfung durch Photonenabstrahlung erscheint demzufolge als Massezunahme. Gelingt es dem nun hüllenlosen Wellenteilchen nicht, eine neue Photonenhülle zu bilden, wird es mit einem anderen „nackten" Teilchen kollabieren. Ohne Photonenhüllen sind die Massepunkte zum Gravitationskollaps verdammt. Zwischen ihnen bleibt kein "Spiel"raum, womit jede Bewegung zum Stillstand kommt. Wann und wie diese geschieht lehrt uns die Geschichte der Sterne.

21. Leben und Sterben der Sterne
Entmischung von Masse und Photonen

> Der zweite Unterschied zwischen der Elektrizität und der Gravitation ist, daß die Wirkung der elektromagnetischen Kraft nicht nur anziehend ist ... Genau wie bei der Gravitation können wir uns fragen, wie wichtig die Existenz einer Kraft mit diesen Eigenschaften für die Existenz der Sterne ist.
>
> Lee Smolin[84]

> Ich habe mich hauptsächlich mit zwei springenden Punkten beschäftigt: der Frage nach der Energiequelle der Sterne und der Masseveränderung, die bei einer Entwicklung schwacher Sterne aus hellen Sternen eintreten muß. Ich habe gezeigt, wie diese für die Hypothese von der Vernichtung der Materie zu sprechen scheinen. Ich halte dies nicht für einen sicheren Beweis. Ich zögere sogar, dies als wahrscheinlich zu bezeichnen, weil sich aus vielen Einzelheiten beträchtliche Zweifel ergeben, und ich habe den bestimmten Eindruck, als müßte ein wesentlicher Punkt dabei noch nicht erfaßt sein.
>
> Arthur Stanley Eddington[85]

In den letzten Jahren sind die Theorien über Leben und Sterben der Sterne ins Schwanken geraten. Einst war man sicher, dass die Sterne die Energie, die sie in den Raum entsenden, aus Kernfusionsprozessen gewinnen. Man nahm an, dass erst Wasserstoff zu Helium, dann Helium und Wasserstoff bzw. Helium und Helium zu größeren Atomen verschmolzen werden, so dass die Sterne nach und nach alle Elemente erbrüten aus denen die Planeten bestehen. Man stellte sich vor, dass diese Prozesse im Inneren der Sterne stattfinden, so dass eine Schalenstruktur entsteht, wobei die schwersten Atome im Innern, die leichteren in den jeweils äußeren Schalen entstehen.

Allerdings kann dieses Schalenmodell nicht erklären, wieso bei Sternexplosionen

21. Kapitel

die schwersten Elemente in den Raum geschleudert werden, also das Innerste nach außen gerät, während gleichzeitig ein Gravitationskollaps des Kerns stattfinden soll, wobei alles in den Kern hinein stürzt. So entstehen allmählich neue Vorstellungen über Entstehung und Umwandlung von Atomen. Japanische Wissenschaftler arbeiten inzwischen an Transmutationsversuchen um Elemente durch Bestrahlung mit Lichtquanten in andere umzuwandeln.

Die Zweifel am Fusionskonzept und am Schalenmodell wachsen in dem Maße, indem die moderne Kosmologie feststellt, dass das Leben eines jeden Sterns nach einem mehr oder weniger spektakulären Tod in einem Gravitationskollaps endet, so dass am Ende eines jeden Sternenlebens ein stark verdichteter Himmelskörper zurückbleibt. Dank der RÖNTGEN- und Gammaspektroskopie entdeckt man immer mehr Neutronensterne und Pulsare am Himmel. Gravitationslinseneffekte verraten außerdem die Existenz einer Vielzahl Totaler Massen im Universum. Der „schwere" Tod der Sterne verrät uns das Geheimnis ihres Lebens. Er offenbart uns die Quelle ihrer Energie und den Ursprung des Lichts.

Um die Geschichte des Lebens und Sterbens der Sterne zu verstehen, muss man sich das Verhalten von Photonen in Gravitationsfeldern vorstellen. Wie EINSTEIN gezeigt hat krümmt sich Licht unter Einwirkung von Schwerkraft, d.h. die Photonenfelder krümmen sich. Doch geschieht dies nicht, weil Photonen von den Massen angezogen werden, bekanntlich sind sie masselos, sondern weil sie den dichter werdenden Gravitationsfeldern auszuweichen suchen. Photonen fliegen nicht, wie Massepunkte, auf eine fremde Masse zu, sondern streben von ihr fort. Erinnert sei an das Aufblähen eines Atoms durch Photonenbeschuss. Photonen besitzen gegenüber Gravitationskräften so etwas wie einen Fluchtimpuls, dem sie nur deshalb nicht vollständig nachgeben, weil sie als bipolare Felder einen inneren Spannungszustand besitzen, der ihre Ausbreitungsrichtung bestimmt.

Als gerichtete Felder besitzen sie eine Art Feldachse, an deren Enden sich die Antipole befinden. Die Ausrichtung diese Feldachse bestimmt die Richtung der selbstinduktiven Fortpflanzung der Photonenfelder, also die Ausbreitung des Lichtstrahls. Diese Achse wird offensichtlich durch Änderung der Gravitationsfelddichte gekrümmt. Einstein hat uns diese Lichtkrümmung am Sternenlicht in der Nähe schwerer Massen vorgeführt. Sie findet aber auch bei jedem Wechsel eines Lichtstrahls aus einem Medium in ein anderes statt. Tritt Licht aus der Luft in Wasser ein, oder durchquert ein Lichtstrahl eine Glaslinse, können wir den Vorgang der Lichtkrümmung sehen, den wir hier allerdings Lichtbrechung nennen. Die deutlich sichtbare Brechung des Lichtstrahls erklärt sich dadurch, dass am Medienübergang ein scharfer Gravitationsdichtewechsel auftritt.

Die Geodäte (die Flugbahn) eines Lichtstrahls bildet sich also aus den Gleichgewichtssummen zwischen der jeweils lokalen Gravitationsfeldstärke und dem aus der gerichteten inneren Spannung folgenden Bewegungsimpuls des Photons. Würden die Photonen den schweren Massen nicht ausweichen, sondern wie kosmischer Staub oder Meteoriten in diese hineinfliegen, würde der Nachthimmel sicher um einiges dunkler erscheinen. Denn das Licht der fernen Sterne würde beim Vorbeiflug an Neutronensternen, Pulsaren oder Totalen Massen ganz oder teilweise geschluckt.

Doch im Gegensatz zur gängigen Vorstellung, dass sogenannte Schwarze Löcher alles – also auch Licht – anziehen und wir sie nicht sehen können, weil das Licht ihnen nicht mehr entweichen kann, verhält es sich genau umgekehrt. Totale Massen sind in Wahrheit deshalb unsichtbar, weil kein Licht auf ihre Oberfläche fallen kann. Die Lichtstrahlen werden durch die starken Gravitationsfelder gekrümmt, nicht weil die Photonen infolge Masseanziehung aus ihrer Bahn gelenkt, sondern weil ihre Feldachsen mit wachsender Gravitationsfelddichte immer stärker vom Massezentrum weggekrümmt werden. Das geschieht gezwungenermaßen, da sie durch das Zentrum eines Gravitationsfeldes, seinen Massepunkt, nicht hindurchfliegen können. Sie müssen herumfliegen, weshalb sie mit wachsender Felddichte immer stärker abgelenkt werden.

Während Körper durch Mangel an kinetischer Fluchtenergie schließlich auf den Stern stürzen, Massen sich auf diesem Wege makroskopisch wie mikroskopisch vereinigen, gelangen Photonen wegen eines Mangels an Transportenergie niemals auf die Oberfläche eines Massepunktes. Selbst wenn dies gelingt, können sie sich doch nie mit der Masse vereinen. Daher werden sie bei maximaler Ablenkung auf eine Kreisbahn gezwungen. Der Bahnradius wird durch ihr Energieniveau bestimmt. Je höher dieses ist, desto näher gelangen sie an den Massekern heran, desto kleiner ist folglich ihre Bahn.

Eine kosmische Totale Masse kann nun vielleicht eine Photonensphäre dergestalt bilden, dass freie Photonen durch ihr Gravitationsfeld so stark gekrümmt werden, dass sie ewig auf einer Kreisbahn um den toten Stern herumfliegen. Sichtbar wird der Stern dadurch jedoch nicht, denn nur das Aufreißen eines Ringphotons erzeugt Licht.

Da in der total verdichteten Sternenmasse jedoch keine Photonen mehr gebunden sind, hat der tote Stern keine Möglichkeit mehr ein Photon zu emittieren, dass von seiner Existenz kündet. Um sichtbar zu werden, muss ein Objekt Photonen aussenden können. Doch dazu müssen überhaupt Photonen in der Materie gebunden sein, die dann entweder durch gravitative Verdichtung des Objekts — also aus eigener Kraft — aus diesem herausgepresst, oder durch äußere Energiezufuhr in Form von Photonenabsorption zur Emission befähigt werden. Sind jedoch keinerlei Photonen in der Masse vorhanden, können auch keine abgestrahlt werden. Das Leuchten des Sterns setzt somit zwingend die Existenz von Photonen im Masseteig voraus.

Für den Beobachter ist es gleichgültig, ob ein Stern unsichtbar ist, weil kein Licht auf diesen fallen, oder keins von diesem entkommen kann. Es genügt schon das Fehlen eines der beiden Lichtwege, um ein Objekt unsichtbar werden zu lassen. So wäre in einem schwarzen Raum, dessen Wände in der Lage sind jedes Lichtquant vollständig zu absorbieren, eine Lampe völlig nutzlos, denn wenn die Wände kein Lichtquant emittieren, bleiben sie unsichtbar, egal wieviel Licht auf sie fällt. Außer der Lampe selbst wäre in diesem Raum folglich nichts zu sehen.

Bestünden die Wände dieses Raumes nun aus totaler Masse, wäre der Effekt doch der gleiche, obwohl diese Wände nun kein einziges Lichtquant absorbieren. Ihre Gravitationskraft würde die Photonen gewissermaßen abstoßen. Gleichwohl blieben in beiden Fällen die Wände des Raumes unsichtbar, im ersten Fall, weil sie trotz Absorption der Photonen keines emittieren, im zweiten Fall, weil keine Absorption stattfindet, die eine Emission auslösen könnte. Für das Betrachten der Sterne ist egal, warum ein Stern unsichtbar bleibt, für das Verstehen der Sterne nicht.

Die Geburt eines Sterns beginnt gewöhnlich damit, dass eine Gas- oder Staubwolke anfängt sich zusammenzuziehen. Je dichter die Wolke wird, desto stärker wird die Gravitationswirkung im Innern. Dadurch werden die Moleküle, Atome und/ oder Elementarteilchen immer enger zusammengepresst. Doch in dem Maße, in dem die Gravitationskräfte der Masseteilchen alles verdichten wollen, streben die Photonen auseinander.

In diesem Teilchengedränge wird jeder Fluchtversuch eines Photons zu einer Odyssee. Denn durch die ständig dichter werdende Wolke wird die Bahn des Photons unentwegt an Massepunkten vorbeigekrümmt und so zu einer scheinbar ziellosen Zickzackbahn. Die Photonen irren umher, bestrebt, dem wachsenden Gravitationsdruck zu entkommen. Doch da sie zwischen den Massepunkten gewissermaßen gefangen sind, werden sie zwischen den zusammenrückenden Teilchen verpresst. Der im Innern der Wolke wachsende Gravitationsdruck lädt die Photonen auf diese Weise auf. Durch Übertragung von Gravitationsenergie auf Photonenenergie heizt sich die Materiewolke auf. Was wir als Kompressionswärme bezeichnen, ist das Resultat der immer stärker werdenden Verdichtung der Photonenfelder innerhalb des dichter werdenden Gravitationsfeldes der Wolke.

Indem die Photonen immer stärker zusammengepresst werden, erhöht sich ihre Frequenz und damit ihre Energie. Sie nehmen auf diesem Weg Gravitationsenergie auf und können so dem tendenziellen Gravitationskollaps der Materiewolke einen stetig wachsenden Widerstand entgegensetzen. Schließlich bildet sich ein dynamisches Gleichgewicht zwischen den Feldkräften heraus. Die Kontraktion der Wolke scheint zum Stillstand gekommen zu sein. Ein Stern ist geboren.

In Wahrheit hat sich die Kontraktion der Materie nur extrem verlangsamt. Im Innern des Sterns tobt der Kampf der Felder unbeirrt weiter. Nur sind die Photonen infolge der Materiedichte im Kern so gefangen, dass ihre Odyssee immer langwieriger wird.

In diesem Kern findet keine Kernfusion, sondern ein Massenkollaps statt. Hier ballen sich die Elementarteilchen unter „Ausscheidung" ihrer Hüllenphotonen zu einer im Entstehen begriffenen Totalen Masse zusammen.

Gravitation ist die Triebkraft, die den Stern zum Leuchten bringt. Gravitation ist die Kraft, die die Photonen im Innern des Sterns auflädt. Gravitation ist die Kraft, die die Photonen aus dem Stern herauspresst. Gravitation ist die Kraft, die den Stern schließlich sterben lässt. Denn jedes Photon, das dem Stern entkommt, lässt die Masseteilchen dichter zusammenrücken, die nach und nach vollständig verschmelzen.

So wundert es nicht, dass massereiche Sterne am kürzesten leben. Je größer die Materiewolke, die sich zusammenballt, desto größere Gravitationskräfte bündeln sich in ihr. Diese können den Materieteig dann um so schneller auspressen. Daher verbrauchen massereiche Sterne ihren Photonenvorrat am schnellsten.

Je kleiner hingegen die Materiewolke, desto langsamer erfolgt ihre Kontraktion. Desto dichter ihre Schale und desto schwerer die Elemente, die der Stern oder Planet in dieser Schale bilden kann. Wie Spektralanalysen von Sternenlicht beweisen, entstehen in ihnen die unterschiedlichsten Elemente. Doch berichtet uns das Licht nicht von dem, was im Innern der Sterne geschieht, sondern nur von den Vorgängen an deren Oberfläche. Dort nimmt die sogenannte Metallizität, wobei hier

21. Kapitel

alle Elemente jenseits des Heliums als Metalle bezeichnet werden, mit wachsendem Sternenalter zu. Die Metallizität steigt mit sinkender Sternenmasse und ist in den Planeten am größten.

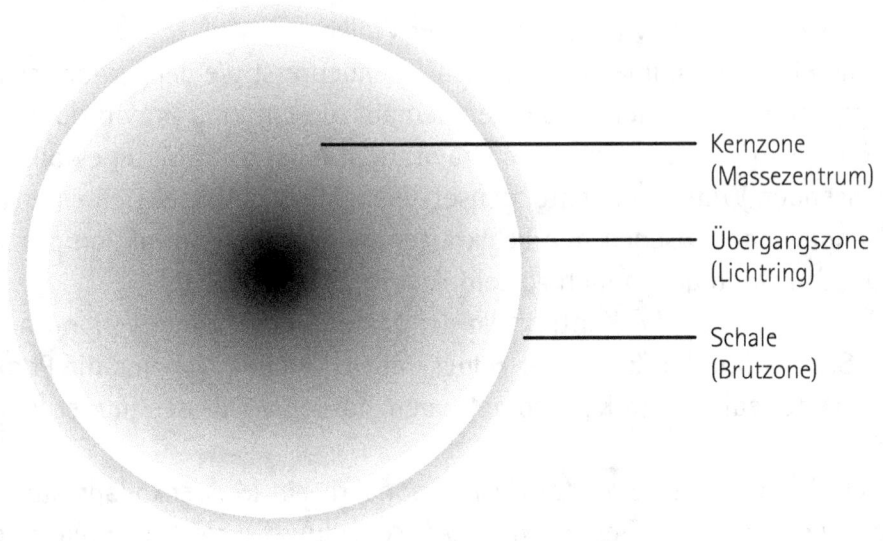

Abb. 17: In der *Kernzone* findet der Gravitationskollaps der Masseteilchen statt, wodurch die Photonenhüllen der Elementarteilchen aufgesprengt werden. Die freien Photonen irren Jahrtausende bis Jahrmillionen durch den immer dichter werdenden Masseteig bis sie schließlich an die Oberfläche des Kerns gelangen und nach außen fliegen können.
Die *Übergangszone* wird von den aus dem Kern entkommenen Photonen dominiert. Zwar reißen die Photonen bei ihrer Flucht aus dem Kern aus dessen Randzonen Masseteilchen mit nach außen, doch ist deren Dichte hier wesentlich geringer als in Kern und Schale, weshalb der Stern hier auch deutlich kühler als an seiner Oberfläche ist.
Die *Schale* entsteht, weil beim Kollabieren der Materiewolke die aus dem Innern austretenden Photonen auf die sich weiter zusammenziehenden Masseteilchen treffen. Die nach innen strebenden Teilchen und die nach außen strebenden Photonen verbinden sich in dieser Zone zu Atomen. Je kleiner die Materiewolke, je schwächer folglich ihr Gravitationsfeld, desto größere Atome können sich in der Schale bilden. Das erklärt die Bildung von Planeten, die ihre Elemente letztlich selbst „erbrütet" haben.

Diese entstehen letztlich auf die gleiche Weise wie Sterne. Aufgrund ihres geringen Gravitationspotentials erfolgt der Massenkollaps in Planeten jedoch sehr viel langsamer, so dass sich im Kern Elemente wie Eisen bilden können. In den Planeten kommt es scheinbar zu stabilen Gleichgewichtszuständen zwischen den Kontraktionskräften der Massefelder und den Expansionskräften der Photonenfelder. Es entstehen Gesteine. Doch zieht sich auch der Erdkern stetig zusammen. Dieses Schrumpfen ist eine der Ursachen der Plattentektonik und der Erdbeben. Die dabei freigesetzten Photonen gelangen mit der Lava aus dem Erdinneren an die Oberfläche. Da dies vor allem in den ozeanischen Gräben, tief unter der Meeresoberfläche geschieht, bleibt uns der Prozess des kontinuierlichen Energieausstoßes aus dem Innern der Erde weitestgehend verborgen.

Ob der Erdkern durch die erdeigenen Gravitationskräfte irgendwann zu einem schwereren Metall als Eisen verdichtet wird, ist eine Frage an die astronomische Planetenforschung. Man weiß, das der Mond einst einen Eisenkern besaß und diesen verloren hat. Schrumpft auch er stetig zu einem winzigen totalen Massepunkt zusammen oder wird irgendwann ein stabiles Gleichgewicht erreicht?

Die Sonne wird erwiesenermaßen täglich kleiner. Jährlich nimmt ihr Durchmesser um circa 60 m[86] ab, was bei einem Durchmesser von 1,5 Millionen km unerheblich scheint. Doch ist diese Kontraktion ein Hinweis darauf, was die Photonen hinterlassen werden, wenn sie eines Tages vollständig aus dem Materieteig der Sonne entflohen sind. Zurück bleibt dann eine Totale Masse, ein vollständig komprimierter Materieklumpen von nicht mal 12 km Durchmesser.

Vorher wird unsere Sonne jedoch das Schauspiel einer Supernova geben. Dazu kommt es, wenn der Druck der Photonen gegen das Innere der Schale so angewachsen ist, dass diese weggesprengt wird. Die Bruchstücke der Schale mit den in ihr erbrüteten Elementen werden dann in den Raum geschleudert. Das gewaltige Aufleuchten der Sonne bei dieser Explosion ist Folge des plötzlichen Austritts der nach und nach unter der Schale aufgestauten Photonen. Die Explosion führt zu Verwirbelungen innerhalb riesiger Raumgebiete, was möglicherweise zur Bildung neuer Materiestrudel und damit zu neuer Sternenbildung führt.

Die Schalenteile werden zu Eisklumpen, sofern Wasserstoff und Sauerstoff die dominierenden Elemente der Sternenschale waren, und irren als Kometen durch den Raum. Geraten sie in die Nähe eines lebendigen Sterns, könnte man meinen, sie erinnern sich ihres alten leuchtenden Daseins indem sie einen Schweif bilden. Doch bekanntermaßen ist dies nur der Feueratem des Todes, denn in der Nähe eines

21. Kapitel

Sterns taut das Eis des Kometen nur, um vom Sternenwind weggeblasen zu werden. Der Komet verliert so bei jeder Annäherung an einen Stern einen Teil seiner Masse. Zurück bleibt interstellares Gas, was sich in den Weiten des Raumes verteilt.

Am Ort der Sonnenexplosion bleibt hingegen ein kleiner dichter Massekern zurück, ein Weißer Zwerg. Dieser Kern ist nicht erst im Zuge der Supernovaexplosion kollabiert, sondern hat sich während der Jahrmillionen seines Sternenlebens allmählich zusammengezogen. Aus diesem Massekern werden die verbliebenen Photonen weiter unaufhaltsam herausgepresst. Doch das Licht des Sterns wird blasser und blasser.

Aus dem Weißen Zwerg wird ein Neutronenstern, der kein sichtbares Licht mehr abgibt, sondern nur noch Röntgen- und Gammastrahlen aussendet. Hochenergetische Strahlung, die aus dem immer dichter werdenden Masseteig aus immer weniger und immer enger werdenden Spalten herausgepresst wird. Diese Spalten erinnern an die ozeanischen Gräben der Erde. Breite und Anzahl dieser Gräben bestimmen den „Pulsschlag" des sterbenden Sterns, der so zum Pulsar geworden ist.

Er gibt nun nur noch aus diesen Rissen Strahlung ab. Durch die Rotation des Sterns entstehen so Lichtimpulse. Da die Rotationsgeschwindigkeit des immer kleiner werdenden Sterns wächst, während Anzahl und Breite der Lichtspalten abnehmen, werden die Lichtblitze immer kürzer und schärfer. Je schneller und klarer der Lichtpuls, desto näher ist der Stern seinem endgültigen Tod, dem völligen Verlöschen.

Mit dem Entschwinden der letzten Photonen bleibt vollständig komprimierte Masse zurück, der „nicht verheizbare Brennstoffrückstand". Masse, die nicht in Energie verwandelbar ist. Masse, die nie in Energie verwandelbar war, die jedoch einst die gesamte Strahlungsenergie des Sterns in den Photonenhüllen ihrer Elementarteilchen gebunden hatte.

Einst, das meint, als das Universum noch jung war. Das Sterben eines Sterns ist so etwas wie das Sterben einer Zelle in einem gigantischen Körper. Jeder Sternentod bringt das Universum seinem Ende näher. Doch wird sich zeigen, dass auch im Kosmos auf einen Tod stets wieder eine Geburt folgt, dass selbst das Universum dem ewigen Kreislauf von Schöpfung und Zerstörung verhaftet ist. Bevor jedoch die Geschichte von Geburt und Tod des Universums erzählt werden kann, muss dem Licht ein letztes Geheimnis entlockt werden, die Ursache der Rotverschiebung.

22. Das Universum sieht rot
Gravitationszunahme als Ursache der Rotverschiebung

> EINSTEINs Gravitationstheorie ergibt, daß alle Linien im Spektrum eines Sterns im Vergleich zu den entsprechenden Linien auf der Erde ein wenig nach dem roten Ende des Spektrums verschoben sind. Auf der Sonne ist der Effekt wegen der vielen Ursachen für eine kleine Verschiebung, die entwirrt werden müssen, fast zu schwach, um beobachtet zu werden. Mir persönlich gibt die EINSTEINsche Theorie eine festere Gewißheit der Existenz des Effekts, als die Zuverlässigkeit der Beobachtung zuläßt.
>
> Arthur Stanley Eddington[87]

> Schon JEWELL fand Verschiebungen der Spektrallinien der Sonne nach Rot, deutete sie jedoch als Druckeffekte.
>
> Wolfgang Pauli[88]

Rotverschiebung bedeutet Vergrößerung der Wellenlänge des Lichts, was sich durch Verschiebung der Spektrallinien der Sternenspektren zum roten Bereich hin deutlich macht. Als Ursache der Rotverschiebung des Sternenlichts wird der DOPPLEReffekt angesehen, weshalb die Rotverschiebung als Indiz für die Expansion des Universums gilt. Doch ist diese These in mehrfacher Hinsicht fragwürdig.

Zunächst widerspricht sie der Logik der Relativitätstheorie. Diese basiert bekanntlich auf dem Postulat, dass die Lichtgeschwindigkeit unabhängig von der Bewegung von Quelle und Beobachter ist. Der DOPPLEReffekt basiert nun genau darauf, dass eine Relativbewegung zwischen Quelle und Beobachter zu einer Änderung der Ausbreitungsgeschwindigkeit der Wellen führt. Klassisches Beispiel für den DOPPLEReffekt ist die Sirene des Polizeiautos. Während das Polizeiauto auf uns zurast, klingt der Sirenenton genau deshalb höher, weil die Schallwellen sich durch Addition der Schallgeschwindigkeit zur Geschwindigkeit des Autos schneller auf uns zu bewegen, als wenn das Auto steht oder von uns wegfährt. Genau dass soll aber gemäß Relativitätstheorie für Licht nicht gelten. Der Sirenenton wird tiefer, nachdem das Auto an uns vorbeigefahren ist und sich nun von uns entfernt,

22. Kapitel

weil die Schallgeschwindigkeit sich jetzt durch die Bewegung des Autos verringert. Es ist also gerade die Veränderung der Ausbreitungsgeschwindigkeit der Wellen, die den Dopplereffekt hervorruft, während für Licht das Postulat der Konstanz der Lichtgeschwindigkeit gelten soll. Ein optischer Dopplereffekt widerspricht daher der Grundannahme der Relativitätstheorie.

Nun wurde im Kapitel 5 gezeigt, dass die Theorie nicht notwendig eine tatsächliche Konstanz der Lichtgeschwindigkeit fordert, sondern nur eine scheinbare. Diese Doppelbödigkeit des Postulats der Konstanz der Lichtgeschwindigkeit war wohl der Grund, warum Einstein, als die Rotverschiebung 1929 durch Hubbel entdeckt wurde, einer Begründung dieses Phänomens durch den Dopplereffekt nicht widersprach. Er kannte das Fizeau-Experiment (siehe Abb. 18) und nahm von daher wohl an, dass eine Veränderung des Raumes eine Veränderung der Lichtgeschwindigkeit bewirken kann.

Fizeau testete die Veränderung der Lichtgeschwindigkeit in strömendem Wasser, indem er einen Lichtstrahl ähnlich wie später Michelson durch einen halbdurchlässigen Spiegel teilte und die beiden Strahlen nun entgegengesetzt durch zwei Wasserröhren leitete, so dass ein Strahl mit der Strömung und der andere gegen die Strömung durch das Wasser lief, siehe Abb. 18. Dabei zeigte sich eine eindeutige Phasenverschiebung zwischen den wieder zusammengeführten Lichtstrahlen, die belegte, dass beide unterschiedlich lange brauchten, um die Versuchsanordnung zu durchlaufen. Doch was ist damit bewiesen?

Das Versuchsergebnis stellt weder die These von der Konstanz der Lichtgeschwindigkeit noch deren Unabhängigkeit von der Bewegung von Quelle und Beobachter in Frage. Die gemessene Phasenverschiebung kann eher als ein Indiz für die Konstanz der Lichtgeschwindigkeit gewertet werden. Denn, bei genauer Interpretation des Experiments muss festgestellt werden, dass weder Quelle noch Beobachter bewegt wurden, sondern das Lichtmedium, also der Raum den das Licht durcheilt; das aus den Wassermolekülen gebildete Gravitationsfeld.

Nun ist bekannt, dass Licht beim Übergang von Luft in Wasser gebrochen wird, weshalb es in der wasserdurchströmten Röhre einen Zickzackkurs einlegen muss. Sein Weg verändert sich. Der Brechungswinkel ist dabei von der Gravitationsfelddichte im Wasser abhängig. Das Wasser fließt allerdings nicht durchweg laminar durch die Röhren, sondern bildet wahrscheinlich in den Kurven schwache Wirbel, die die Felddichte des Mediums geringfügig verändern. Dadurch verändert sich auch der Brechungswinkel des Lichts.

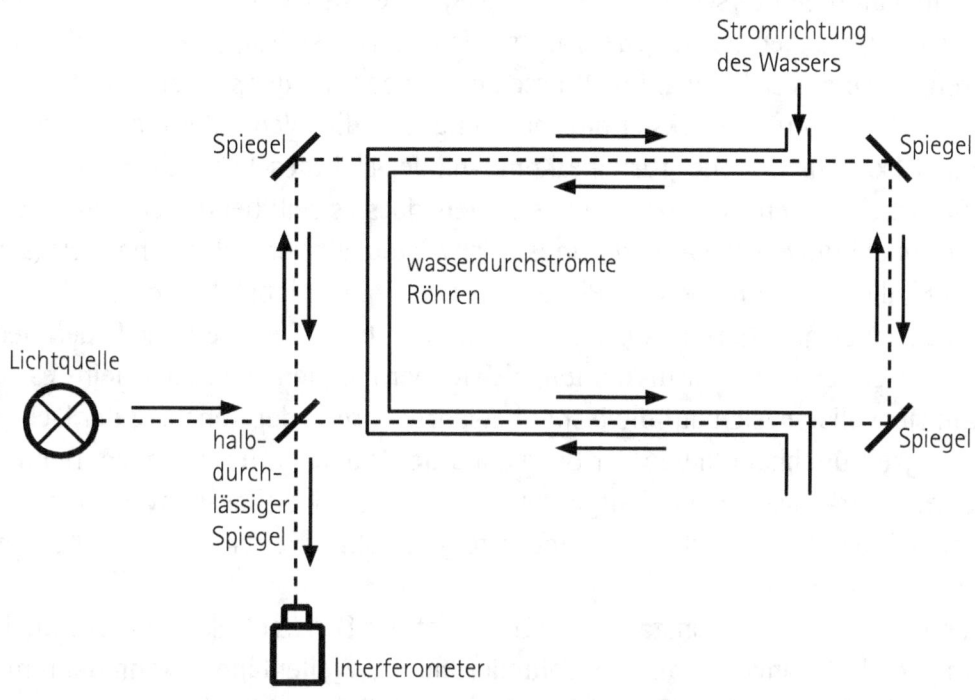

Abb. 18: Schematische Darstellung des Versuchsaufbaus des FIZEAU-Experiment

Durch den Zickzackkurs des Lichts kann aus einer winzigen Winkeländerung eine meßbare Änderung des Lichtweges werden. Es muss daher angenommen werden, dass die beiden, aus unterschiedlichen Richtungen kommenden Lichtstrahlen infolge Wirbelbildung unterschiedlich lange Wege nehmen. Die gemessene Phasenverschiebung wäre dann keine Folge von Geschwindigkeitsänderungen, sondern von Wegunterschieden.

Diese These scheint durch ein anderes Experiment FIZEAUS bestätigt zu werden, dessen Ergebnis er jedoch nicht veröffentlichte, weil das Experiment negativ verlief.[89] Er hat analog zu seinem Experiment mit strömendem Wasser (siehe Abb. 18) einen Mitführungsversuch mit strömender Luft durchgeführt, hierbei jedoch keine Phasenverschiebung feststellen können, obwohl die Strömungsgeschwindigkeit der Luft größer als die des Wassers war.[90] Da in diesem Fall jedoch keine Änderung des Brechungsindex stattfand hat die Bewegung des Raumes – hier der strömenden

22. Kapitel

Luft — keinen Einfluss auf den Weg.

Wenn man die unterschiedlichen Lichtwege, die das Licht in den verschiedenen Versuchsanordnungen zurücklegen muss, nicht berücksichtigt, fällt es schwer zu erklären, wieso das Licht zwar von Wasser, nicht aber von der schneller strömenden Luft mitgeführt wird. Berücksichtigt man hingegen die Wegänderungen, sprechen die FIZEAU-Experimente eher für eine Konstanz der Lichtgeschwindigkeit, als dagegen. Sie scheinen den Gedanken zu bestätigen, dass es sich bei der Lichtgeschwindigkeit um die universelle Ausbreitungsgeschwindigkeit von Feldern handelt (siehe Kapitel 8), die gleichermaßen für Photonen- wie Gravitationsfelder gilt.

Um zu einer gesicherten Aussage zu kommen, bedarf es weiterer Experimente und umfassenderer Ergebnisdiskussion, als sie hier möglich sind. So scheint es vorerst am sinnvollsten, sich auf die bisher bewährte Formel der Konstanz der Lichtgeschwindigkeit unabhängig von der Bewegung der Quelle zurückzuziehen. Denn solange keine Veränderung der Lichtgeschwindigkeit nachweisbar ist, was auch durch die FIZEAU-Experimente nicht zwingend erfolgte, sollte weiter von ihrer Konstanz ausgegangen werden.

Doch wenn wir c als konstant betrachten, ist der DOPPLEReffekt nicht auf die Bewegung von Licht anwendbar. Eine Veränderung der Wellenlänge l kann dann nicht durch eine Veränderung der Geschwindigkeit c, sondern nur durch eine Frequenzänderung n, gemäß nachstehender Gleichung kompensiert werden.

$$1/\lambda = \nu/c \quad \text{oder} \quad c = \lambda \cdot \nu \quad (6)$$

Nun wissen wir durch die Zeitdilatationsmessungen (siehe Kapitel 16) mittels Atomuhren, dass sich die Frequenzen elektromagnetischer Wellen mit zunehmender Gravitationsfeldstärke verringern. Je stärker das Gravitationsfeld, desto langsamer schwingen die Wellen, was der Grund ist, dass die Uhren in Meereshöhe langsamer gehen als im Gebirge. Je ferner vom Erdmittelpunkt, desto schneller schwingen die Energiequanten, weil das auf sie einwirkende Gravitationsfeld, mit zunehmender Höhe geringer wird.

EINSTEIN hatte genau diese Wirkung der Schwerkraft auf elektromagnetische Wellen vorhergesagt, und eine gravitative Rotverschiebung prognostiziert, da er annahm, dass sich alle Prozesse, auch die atomaren, unter wachsender Schwerkraftwirkung verlangsamen. Doch zu seinen Lebzeiten schien eine solche nicht nachweisbar, denn die Atomuhren gelangten erst nach EINSTEINS Tod zu praktischer Anwendung. Sie bestätigen jedoch exakt EINSTEINS These der Verlangsamung atomarer Schwingungen, genauer der Schwingungen elektromagnetischer Felder. Denn die Taktgeber in diesen Uhren sind Energie- bzw. Lichtquanten. Wenn sie ihre Frequenz unter wachsender Schwerkraftwirkung verringern, folgt aus Gleichung 6, dass sich die Wellenlänge entsprechend vergrößern muss. Rotverschiebung ist somit der Beweis für eine Verdichtung des universellen Gravitationsfeldes. Daraus folgt, dass das Universum nicht expandiert, sondern sich zusammenzieht.

Diese Interpretation der Rotverschiebung stimmt dabei nicht nur mit der nachweislichen Veränderung elektromagnetischer Wellen unter Schwerkrafteinwirkung überein, sie bestätigt auch alle bisherigen astronomischen Beobachtungen. Überall, wohin wir im Universum blicken, nehmen wir die kontraktive Wirkung der Gravitation war. Da in einem expandierenden Universum die Schwerkraft kontinuierlich abnehmen würde, müsste dies zu einer Auflösung aller kosmischen Strukturen führen. Sterne und Galaxien könnten sich nicht bilden, wenn alles im Raum auseinander strebte. Wir beobachten jedoch genau die umgekehrten Prozesse, Gas- und Nebelwolken ballen sich zu Sternen zusammen, Galaxien entstehen und entwickeln sich, indem jeder einzelne Stern in ihnen und ihre Struktur als ganzes immer dichter werden. Überall ist die kontraktive Kraft der Gravitation nachweisbar.

Nur wenige kosmische Objekte senden uns ein zum Blauen hin verschobenes Spektrum. Dazu gehört unsere Nachbargalaxie der Andromedanebel. Auch diese Blauverschiebung kann jedoch nicht mittels DOPPLEReffekt erklärt werden, sondern nur durch gravitative Effekte. Sie scheint eine Folge der Fluchtbewegung des Sternensystems zu sein, wobei nicht die Relativbewegung zwischen der sich entfernenden Galaxie und uns die Verkürzung der Wellenlängen bewirkt, sondern die infolge selbstinduktiver Bewegung der Galaxie in ihrem Heck eintretende Verdünnung des Gravitationsfeldes. Somit kann hier gleichfalls die Änderung des Gravitationsfeldes als Ursache angenommen werden.

Schließlich fügt sich auch der COMPTONeffekt, d.h. die Vergrößerung der Wellenlänge von Photonen, die an Masseteilchen gestreuten werden, in dieses Bild ein. Denn dieser Effekt kann ebenfalls als Wirkung von Gravitation auf Photonenfelder erklärt werden.

COMPTON wies bekanntlich nach, dass sich die Wellenlängen von Photonen vergrößern, wenn diese auf einen Teilchenstrahl gerichtet werden, ohne dass es zur Absorption kommt. Die Photonen werden abgelenkt, weil sie das dichtere Gravitationsfeld im Teilchenstrahl durchqueren müssen, weshalb sie nach dem Durchtritt durch den

22. Kapitel

Teilchenstrahl als gestreut erscheinen. Die Streuung der Teilchen weist folglich auf eine Änderung des Gravitationsfeldes hin, das im Innern des Teilchenstrahls natürlich stärker sein muss, als außerhalb dieses Strahls. Dieses dichtere Feld verursacht die Wellenlängenvergrößerung. Der Effekt bestätigt somit den Befund der Atomuhren hinsichtlich des Verhaltens von Photonen in Gravitationsfeldern.

Dabei ist zu beachten, dass sich Photonen im „leeren" Raum anders verhalten, als im Innern von Sternen oder Körpern. Während eine Gravitationszunahme im leeren Raum zur Entspannung, also zum Energieverlust der Photonenfelder führt, werden sie, eingeklemmt zwischen Massepunkten, durch zunehmende Felddichte zwangsweise aufgeladen.

So sehr ein optischer DOPPLEReffekt der Relativitätstheorie widerspricht, so sehr widersprechen die Befunde über das Verhalten von Photonen in sich verändernden Schwerkraftfeldern einer Expansion des Raumes. Teilchenphysikalische Erkenntnisse deuten also eher darauf hin, in der Rotverschiebung ein Indiz für die Kontraktion des Universums zu sehen. So müssen die immer wieder erhobenen Zweifel an der Expansionsthese, weil nirgendwo im Universum Folgen einer Expansion des Raumes beobachtet werden können, als berechtigt angesehen werden.

Doch gibt es noch ein zweites Indiz, das als Beweis für die Expansion dienen soll, die sogenannte Hintergrundstrahlung.

Wo sie herkommt, was sie bedeutet und was sie mit der Dynamik des Raumes zu tun hat, offenbart sich vielleicht, wenn wir dem Geheimnis des Lichtwalls auf die Spur kommen, der den Rand des sichtbaren Universums markiert.

23. Tod und Geburt des Universums
Keine Geschichte des Urknalls

> Und die Vernunft sagt uns ..., daß der einzelne
> Mensch, daß wir Menschenwesen alle mitsamt unserer
> Sinneswelt, ja mitsamt unserm ganzen Planeten nur
> ein winziges Nichts bedeuten in der großen unfaßbar
> erhabenen Natur, deren Gesetze sich nicht nach dem
> richten, was in einem kleinen Menschenhirn vorgeht,
> sondern bestanden haben, bevor es überhaupt Leben auf
> der Erde gab, und fortbestehen werden, wenn einmal
> der letzte Physiker von ihr verschwunden sein wird.
>
> Max Planck[91]

> Hätte GALILEI bereits so feine Beobachtungen machen
> können, wie spätere Jahrhunderte, so hätte die
> Verworrenheit der Erscheinungen die Auffindung der
> Gesetze wesentlich erschwert. Vielleicht hätte auch
> KEPLER die Planetenbewegungen nie entwirrt, wenn zu
> seiner Zeit die Bahnen mit der heute erreichten
> Genauigkeit bekannt gewesen wären.
>
> Max Born[92]

Beim Nachdenken über die Himmelsmechanik wurde bereits eine mögliche Ordnung der Gravitationsräume entworfen. Nun, da wir annehmen müssen, dass der Raum sich zusammenzieht, scheint die These, dass das Universum durch Bildung immer neuer Raumblasen an seinen Rändern unendlich wächst, unhaltbar. Doch auch die Gegenthese, dass sich der Kosmos *Stück für Stück* schließt, weil die Raumblasen an den Rändern, wegen fehlender Außenräume gewissermaßen zusammenfallen, scheint nicht ganz tragfähig. Denn die inzwischen sehr umfangreichen Daten zur Ermittlung der Rotverschiebung zeigen, dass die Kontraktion überall im Universum stattfindet und nicht nur an dessen Rändern.

Wagen wir daher eine neue These und nehmen an, dass die im Kapitel 18 beschriebene Hierarchie der Himmelsräume im gesamten Universum gilt, dass also die erkennbaren Raumblasen selbst Teilräume eines universellen Großraumes sind, der

23. Kapitel

von einem, jede Vorstellung übersteigenden Massezentrum dominiert wird. Stellen wir uns also im Zentrum des Universums eine universelle Zentralmasse vor, die nicht nur den gesamten Raum dominiert, sondern diesen als ihr Raumfeld hervor gebracht hat. Hier versagt nicht nur unsere Vorstellungskraft, es türmt sich auch zugleich ein Berg von Fragen auf.

Wie kann ein Raum sich selbst hervorbringen, wenn das monopolare Gravitationsfeld nur einen Impuls kennt: Kontraktion? Selbst wenn sich ein Impuls denken ließe, der den Raum öffnet, welche Kraft hält ihn dann offen? Welche Kraft zerrt an seinen Rändern und verhindert so, dass dieser Raum sofort wieder zusammenstürzt?

In unserem dualistischen Zwei-Felder-Modell fällt die Antwort verständlicherweise leicht. Die Kraft, die den Raum geöffnet hat und immer noch offen hält, ist die Gegenkraft des Gravitationsfeldes, das magnetische Feld. Nun besteht die Gefahr, aus dem naturwissenschaftlichen Bedürfnis heraus, die Welt so einfach wie möglich zu erklären, dem Gegenfeld all jene Kräfte und Fähigkeiten zuzuschreiben, die es haben muss, um dem Modell zu genügen.

Doch wissen wir durch den Photoeffekt, für dessen Erklärung EINSTEIN den NoBELpreis erhielt, dass Elektronen durch Absorption von Photonen aus der Atomhülle herausgelöst werden. Die Energie der Photonen ermöglicht es den Masseteilchen somit offensichtlich dem Gravitationsfeld des Kerns zu entkommen. Photonen können ihre ureigene Fähigkeit der Gravitation entgegenzuwirken, somit auf Masseteilchen übertragen, indem sie diese umhüllen und auf ihrer Flucht mitreißen. Wir kennen auch die Photospaltung, bei der Photonen Atomkerne teilen und Baustein für Baustein zerlegen.

Könnten Photonen der Gravitation nicht entkommen, würden wir keinen Stern leuchten sehen. Dass sie dabei auch Teilchen in großem Umfang mitreißen, weiß man, seit man die Ursache der Kometenschweife kennt. Diese sind bekanntermaßen Folge des Sonnenwindes, eines hochenergetischen *Teilchenstromes*, dem es infolge des Photoeffekts gelingt, dem enormen Gravitationsfeld der Sonne zu entkommen. *Die Energie der Photonen vermag Masse entgegen der Gravitationswirkung zu bewegen.*

Solcherart mit den Kräften des Universums vertraut, fehlt es uns nur noch an Mut, uns eine universelle Zentralmasse vorzustellen. Brächten wir diesen auf, ließe sich die Geschichte des Universums in etwa wie folgt erzählen. Ausgangspunkt ist die, durch die moderne Astronomie und Kosmologie inzwischen mehr oder weniger einhellig vertretene Vorhersage, dass irgendwann alle Sterne im Universum erloschen und zu Totalen Massen erstarrt sein werden. Stern für Stern gehen die Lichter aus und die Uhren hören auf zu schlagen. Würde das Universum expandieren bzw. wäre es ein statischer Raum, bliebe die Zeit schließlich im ganzen Universum stehen, ohne dass aus dem ewigen Tod neues Leben entstünde. Dunkle Massen verlören sich auf ewig im unendlichen Nichts.

Ganz unabhängig von unserer Interpretation der Rotverschiebung als Indiz für die Kontraktion des Raumes, legt allein die gegenwärtig lebendige Existenz des Universums den Verdacht nahe, dass sein *ewiger* Tod nicht eintreten wird. Da alles, was wir kennen, sich zyklisch entwickelt, einen Anfang und ein Ende hat, erscheint ein Universum mit nur einem, unendlichen Daseinszyklus, in dem einer vergleichbar kurze Zeit des Lichts und der Dynamik eine ewige Zeit der Stille und Dunkelheit folgt, wider die Natur. Was einen Anfang hat, muss, nach der erkennbaren Logik der Materie auch ein Ende haben, sich durch Veränderung ewig erneuern. Ein Anfang ohne Ende, eine Geburt ohne Tod, ein Universum, in dem zwar die Sterne, nicht aber der Sternenraum sterben, in dem der Tod so zur Daseinsform wird, erscheint unvorstellbarer, als eine unvorstellbar große, universelle Zentralmasse. Eine Zentralmasse, die das Universum nicht nur hervorgebracht hat, sondern die es auch schlucken wird, um es neu zu gebären.

Weichen wir also vor dem Gedanken des ewigen Todes des Universums zurück und wagen es, uns eine Totale Masse vorzustellen, deren Durchmesser vielleicht ¼ Lichtjahr beträgt. Ihre Kraft zieht den gesamten Raum unaufhaltsam zusammen. Sie ist der Motor jeglicher Bewegung im Universum. Sie holt all die erloschenen Sterne ins Zentrum zurück, um ihnen neuen Lebensatem einzuhauchen und durch die Kraft der Photonen ein neues Universum zu gebären. Denn die durch sie verursachte Kontraktion des Raumes holt nicht nur die kalten lichtlosen Sternenmassen an ihren Ursprungsort zurück, sie saugt mit dem Raum auch das wieder auf, was den toten Sternen zu neuem Leben fehlt, die im Laufe des universellen Zyklus' unaufhaltsam an den Rand des Universums gewanderten Photonen.

Denn alles Licht, das die Sterne seit Jahrmilliarden unentwegt „ausscheiden", fliegt so lange durch den Raum, bis es an dessen Grenze stößt. Da es dem Raum selbst nicht entkommen kann, bleibt es dort auf einer gigantischen Umlaufbahn gefangen. Es bildet den Rand des Universums. *Sein* Fluchtimpuls ist die Kraft, die den Raum aufgespannt hält. Die Wand aus Licht, die die Kosmologen an den Grenzen des erkennbaren Raumes entdeckt haben, ist die Grenze des Raumes selbst. Es ist

23. Kapitel

der Wall aus Licht, an dem das gesamte Gravitationsfeld des Universums zerrt. Es ist das Licht, dass den Raum unseres Universums offen hält.

Doch seine Kraft reicht nicht aus, der überwältigenden Kraft der Gravitation zu widerstehen. Der Raum zieht sich unmerklich zusammen. Er zieht sich um so schneller zusammen, je weniger Licht aus dem Innern des Raumes an seine Ränder gelangt, je geringer folglich der Photonenfelddruck wird, der der Gravitationskraft unaufhörlich entgegen arbeitet. Irgendwann ist alles „Licht" aus den Sternen entwichen. Dann wird sich die Kontraktion des Raumes gewaltig beschleunigen.

Mit dem sich zusammenziehenden Raum werden alle in ihm befindlichen Massen auf die universelle Urmasse zurückgeschleudert. Das Ende naht. Doch mit dem zusammenstürzenden Raum werden auch die Photonen von den Rändern des Universums ins Zentrum zurückgerissen. In dem finalen Moment, in dem das Gravitationsfeld an seinen Ursprung, zur Urmasse zurückstürzt, reißt es auch die Photonen an diese Masse heran. Das sich schließende Gravitationsfeld presst sie in den Masseteig zurück, aus dem sie im Laufe von Jahrmilliarden entflohen sind. Die Photonen werden dadurch gezwungen, sich erneut mit den Masseteilchen zu Elementarteilchen zu vereinen. Ihre gewaltige Menge pulverisiert auf diese Weise die Randzone der total komprimierten universellen Urmasse und verwandelt diese in Plasma.

Die Lichtquanten, deren Energie am Rand des Universums auf ein Minimum gesunken ist, erfahren durch ihr Hineingeschleudertwerden in die vollständig verdichtete Zentralmasse eine maximale Spannung und werden gigantisch aufgeladen. Sie erreichen in dem Moment ihr energetisches Maximum, wenn das vollkommen zusammengezogene Gravitationsfeld sein energetisches Minimum erreicht hat. Mit der so gewonnenen Energie reißen sie die pulverisierte Masse der Randzone der universellen Urmasse mit sich fort und öffnen damit erneut den Raum. Die von den Photonen mitgeschleuderte Masse erzeugt einen neuen Gravitationsraum. Damit beginnt ein neues Zeitalter des Universums.

Da das Massezentrum weder RÖNTGEN- noch Gammastrahlen aussendet, sondern sich einzig und allein durch den gewaltigen Gravitationslinseneffekt verrät, den es verursacht, ist es nur durch eine gezielte Suche im Bereich des sichtbaren Lichts zu entdecken. Zur Erleichterung dieser Suche kann sein ungefährer Ort zuvor durch Vermessen des Universums berechnet werden, wozu je Himmelsrichtung die Entfernung bis zum Rand des Universums bestimmt werden muss. Wenn wir davon ausgehen, dass das Universum kugelförmig ist, lässt sich aus den unterschiedlichen

Tod und Geburt des Universums

Abständen bis zum Lichtwall der Ort des Zentrums bestimmen.

Von diesem Zentrum aus wird der Raum genau soweit aufgerissen, als die Fluchtenergie der Photonen die Anziehungskraft der Masse übersteigt. Irgendwann stellt sich ein Gleichgewicht zwischen beiden Feldkräften ein. Die Expansion endet. Die Gravitation wird erneut zur dominierenden Kraft. Sie hält nicht nur alles zusammen, sie strukturiert auch.

Die Rotation der Urmasse erzeugt eine Rotation des Raumes. Diese Rotation bewirkt eine relativ gleichmäßige Strudelbildung innerhalb des Raumes. Durch die rasche Kontraktion der gigantischen Strudel entstehen die Zentren der Raumblasen als sekundäre Zentralmassen. Doch während der Kern dieser Materiestrudel zusammenstürzt, werden in kurzer Zeit enorme Mengen an Photonen freigesetzt. Diese reißen die um das Strudelzentrum herum verteilte Masse mit sich. So sammelt sich photonenreiche Materie an den Rändern der aus den Primärstrudeln entstandenen Raumblasen.

Auch diese Materiewolken werden verwirbelt, denn die Kontraktion der Blasenkerne erzeugt hohe, die gesamten Blasenräume in Rotation versetzende Drehimpulse. Dadurch entstehen in den Materiewolken der Randzonen der Raumblasen Sekundärstrudel. Da diese masseärmer sind, als die Primärstrudel, bilden sich nun kleinere, langlebigere Strukturen. Die Kugelsternhaufen entstehen.

Die Entwicklung der Sterne wurde bereits im Kapitel 21 beschrieben. Wie bekannt ist das Leben der massereichsten Sterne am kürzesten, da ihre starken Gravitationskräfte die Photonen am schnellsten aus ihrem Inneren herauszupressen vermögen. Wegen der Masseverteilung innerhalb der Materiewolken entstehen im Innern der Sternhaufen stets die größten Sterne und der Größte unter ihnen stirbt am schnellsten. Sein Sternentod wird die Struktur des Sternenhaufens völlig verändern. Denn durch seine zunehmende Kontraktion verstärkt sich seine Rotationsenergie. Dadurch wird die Isotropie des Raumes aufgehoben.

Das bedeutet, dass die Raumstruktur nicht mehr in alle Richtungen gleich ist, denn der zunehmende Drehimpuls des Sternenriesen versetzt den umliegenden Raum in immer raschere Rotation. Die Sterne die sich in seiner Äquatorialebene befinden, werden durch diese Rotation beschleunigt. Nimmt ihre Geschwindigkeit durch Umwandlung der Raumkräfte in Eigenbewegung hinreichend zu, können sie auf stabilen Geodäten um den Zentralkörper kreisen, der sich aus dem sterbenden Stern bildet.

Die sich an den beiden Polen bildenden Raumstrudel bewirken jedoch keine hinreichende Erhöhung der Fluchtgeschwindigkeit der dort befindlichen Sterne und Materiewolken, sondern eine Sogwirkung. Daher bilden sich an den Polen riesige Gravitationsstrudel. Durch sie wird die gesamte Materie aus diesen Raumsektoren wie von riesigen Staubsaugern eingesogen. Aus dem Riesenstern im Zentrum eines Kugelsternhaufens beginnt sich der Zentralkörper einer Scheibengalaxie zu bilden. Dieser Übergangszustand erscheint als Quasar, denn beim Aufsaugen der Materie werden gewaltige Photonenmengen freigesetzt, die die enorme Leuchtkraft dieser Objekte verursachen.

Der Materiestrom, den das sich bildende galaktische Massezentrum über seine polaren Gravitationsstrudel aufsaugt, wird als Jet bezeichnet. Man nimmt in der aktuellen Literatur allerdings merkwürdigerweise an, dass diese Plasmaströme von den sich bildenden Totalen Massen ausgeschleudert statt aufgesaugt werden. Wie eine Totale Masse, ein sogenanntes Schwarzes Loch, der Inbegriff gravitativer Kraft, in der Lage sein soll Materie in den Raum zu schleudern, ist schwer erklärlich. Man nimmt an, das Magnetfeldwirbel die Massen entgegen der Gravitation bewegen und so herausschleudern. Da ein kollabierter Stern infolge Mangels an Photonen jedoch kein Magnetfeld mehr besitzen kann, erscheint dies unwahrscheinlich. Auch warum überhaupt Materie ausgeschleudert statt aufsaugt werden soll, wenn der Quasar insgesamt doch offensichtlich Materie „frisst", bleibt bei diesem Modell unklar. Vor allem, weil die Polzonen, in die die Jets angeblich geschleudert werden, nach dem Versiegen der Jets, so leer an Materie sind. Von all der vermeintlich herausgeschleuderten Materie ist, nach dem inaktiv werden der gefräßigen Totalen Masse, nichts mehr zu finden.

Während dessen hat sich in der Äquatorialebene des rotierenden Zentralkörpers eine Galaxiescheibe gebildet. Nun soll nach gängiger These der sich bildende Zentralkörper ausgerechnet aus der Äquatorialebene, der sogenannten Akkretionsscheibe die Materie aufsaugen, die er braucht, um ein galaktischer Zentralkörper zu werden. Diese These erscheint jedoch genauso unglaubhaft, wie die, von den an den Polen herausgeschleuderten Materiejets. Für beide Thesen fehlt eine physikalische Erklärung. Gegen sie spricht auch das offensichtliche Endergebnis des in einem Quasar stattfindenden Materieaufsaugprozesses: die Bildung einer Scheibengalaxie.

Naheliegender erscheint es, anzunehmen, dass die Sterne in der Äquatorialebene des sich bildenden Zentralkörpers wie oben beschrieben beschleunigt werden, während über die Polebenen Materie aufgesaugt wird. Das Leuchten der Jets wird dabei durch die Verdichtung der „aufgesaugten" Massen infolge des immer stärker werden Gravitationsfeldes erzeugt. Durch die Zunahme des Umgebungsdruckes wird die herabstürzende Materie bereits während des freien Falls so komprimiert, dass sie schon im Anflug auf die Totale Masse einen Gravitationskollaps erleidet, und infolge der entweichenden Photonen leuchtet.

Der Gravitationswirbel zieht solange Masse auf den auf diese Weise wachsenden galaktischen Zentralkörper herab, bis die Polsektoren masselos sind. Zurück bleibt nur noch eine leuchtende hochenergetische Plasmawolke, weil die in ihr gebundenen Photonen der Anziehungskraft der Totalen Masse standhalten. Dieser Lichtwall verbirgt das dunkle Zentrum der Galaxie, dass nun so massereich ist, dass es den gesamten galaktischen Raum dominiert.

Aus dem Kugelsternhaufen ist durch den Tod des Riesensterns, die dadurch verstärkte Rotation der kollabierenden Masse und die daraus folgende Änderung der Raumstruktur, eine Scheibengalaxie geworden. Durch Beschleunigung der Sterne in der Äquatorialebenen kommt es zu verstärkten Verwirbelungen, was zu vermehrter Sternbildung führt.

Indem die Zentralmasse eine große, einheitliche Raumstruktur schafft, ermöglicht sie den Sternen der Galaxie auf stabile Geodäten zu kreisen und stabile Planetensysteme zu bilden. Durch diese Raumordnung wurde die Voraussetzung zur Entwicklung von Leben geschaffen.

Solange Sonnen in der Lage sind ihre Planeten mit ausreichender Energie zu versorgen, kann dieses Leben bestehen. Doch irgendwann, in sehr ferner Zukunft, wird die Energie der Sterne versiegt sein. Dann haben die letzten Photonen die Sternenmassen verlassen und sind durch den Raum bis ans Ende der Welt geflogen.

Dort, am Rand unseres Universums, an der Grenze des offenen Raumes, haben sie sich Jahrmilliarden lang gesammelt, da sie sich nicht vom Raumfeld lösen und folglich nicht entkommen können. Als Feldstruktur können sie zwar am Rand des Gravitationsfeldes, nicht aber losgelöst von diesem existieren. Daher werden sie von dem sich nun immer schneller schließenden Raum an dessen Ursprung, die universelle Zentralmasse, zurückgezwungen, um dort erneut mit den Masseteilchen zu Elementarteilchen verbunden zu werden.

Ihre erneute Flucht, mit Masse „im Gepäck", wird den Raum erneut öffnen. Denn die im „Bauch" der Photonenhüllen mitgerissenen Masseteilchen ziehen das Gravitationsfeld auseinander, durch das sie mit der Urmasse auf ewig verbunden sind.

Ein neuer Raum entsteht; erzeugt durch das von einem Massepunkt ausgehende Gravitationsfeld, geöffnet durch die vereinte Kraft der Photonenfelder, offen gehalten durch einen leuchtenden Wall aus Materie. Dieser wird aus Elementarteilchen gebildet, jedes aus einem Wellenteilchen und einer Photonenhülle bestehend, so dass jede Absorption eines freien Photon aus dem offenen Raum die Emission eines Hüllenphoton des Materiewalls hervorruft, was den Wall zum Leuchten bringt. Dank der grandiosen Technik des Hubbel-Weltraumteleskop können wir diesen Lichtwall sehen.

Er bildet den Ursprungsort der kosmischen Hintergrundstrahlung, denn das von dort kommende Licht erfüllt jeden Winkel des Alls. Wenn wir diese Strahlung über lange Zeiträume hinweg hinreichend genau messen könnten, würden wir feststellen, dass sie nicht ab-, sondern zunimmt. Denn da das Universum durch die gravitative Kraft der kosmischen Zentralmasse immer kleiner wird, muss es auch immer wärmer werden, denn alles Licht in ihm verschiebt sich *immer stärker* in den roten Bereich, hin zur Wärmestrahlung. Zunächst noch unmessbar. Doch eines Tages, lange nach dem Tod unserer Sonne, wird es durch die immer schneller vor sich gehende Kontraktion des Raumes sehr heiß werden im Universum. Auf das rasante Ende folgt ein rasanter Anfang. Eine neue Raum-Zeit bricht aus.

Ein ewig währender Felderkampf. Eine simple Dualität, die jedoch eine faszinierende Vielfalt an Erscheinungsformen hervorgebracht hat. Licht und Dunkelheit, Masse und Energie, Körper und Raum, Gravitation und Magnetismus befinden sich in ewigem Widerstreit. Während jede der beiden Feldkräfte unentwegt nach maximaler Entspannung sucht, die Gravitation durch Zusammenziehen des Raumes, die Photonen durch Flucht an den Rand des Universums, erzeugt gerade der Moment der maximalen Entspannung der einen Feldkraft die maximale Aufladung der anderen. Solange jede der gegensätzlichen Elementarkräfte nach Entspannung strebt und gerade dadurch die Anspannung der Gegenkraft hervorruft, wird der Wandel unendlich andauern. Der ewige Kampf der Feldkräfte wird so ewig neue universelle Zyklen hervorbringen. So wenig wir wissen können, in welchem Zyklus des Universums wir gerade leben, so sicher können wir sein, dass ein Zyklus auf den andern folgt.

Dieses Modell kann nicht erklären, *wie* Masse und Feldenergie entstanden sind. Gab es sie schon immer? Oder entzieht sich der Prozess ihrer Entstehung unserer Kenntnis, weil er außerhalb der von uns fassbaren Gesetze stattfand? Werden wir diese Gesetze eines Tages erkennen? Oder werden sie ein Geheimnis dessen bleiben, was wir Gott nennen?

24. Felderkampf und Theorienstreit
Die Dynamik der Materie

> Eigentlich finde ich diese Philosophie des ›als ob‹, die hier betrieben wird, doch sehr merkwürdig. Das Lichtquant verhält sich in vielen Experimenten so ›als ob‹ es aus einem Elektron und einem Positron bestünde. Es verhält sich auch manchmal so ›als ob‹ es aus zwei oder noch mehr solchen Paaren bestünde. Scheinbar gerät man in eine ganz unbestimmte verwaschene Physik hinein.
>
> Hans Euler[93]

> Eine Katze wird in eine Stahlkammer gesperrt, zusammen mit folgender Höllenmaschine ...: in einem GEIGERschen Zählrohr befindet sich eine winzige Menge radioaktiver Substanz, *so* wenig, daß im Lauf einer Stunde *vielleicht* eines von den Atomen zerfällt, ebenso wahrscheinlich aber auch keines; geschieht es, so spricht das Zählrohr an und betätigt über ein Relais ein Hämmerchen, das ein Kölbchen mit Blausäure zertrümmert. Hat man dieses ganze System eine Stunde lang sich selbst überlassen, so wird man sich sagen, daß die Katze noch lebt, *wenn* inzwischen kein Atom zerfallen ist. Der erste Atomzerfall würde sie vergiftet haben. Die Ψ-Funktion des ganzen Systems würde das so zum Ausdruck bringen, daß in ihr die lebende und die tote Katze (s.v.v.) [sit venia verbo: man verzeihe das harte Wort! d.A.] zu gleichen Teilen gemischt oder verschmiert sind. [Hervorhebung i.O.]
>
> Erwin Schrödinger[94]

24. Kapitel

Die scheinbar unbestimmte Verwaschenheit oder Verschmiertheit der Physik der Elementarteilchen erweist sich als Folge der Komplexität der subatomaren Feldstruktur. Was wir makroskopisch gar nicht oder als getrennte Felder wahrnehmen, erscheint mikroskopisch als scheinbar untrennbare Einheit. So ist uns die Allgegenwart des Gravitationsfeldes kaum bewusst, da wir in ihm leben, wie der Fisch im Wasser. Das dieses unser Lebenselement mikroskopisch als Wellenraum der Masseteilchen erkennbar und messbar ist, scheint keinen Zusammenhang zu unserer makroskopischen Welt zu haben. Auch der Umstand, dass die Körperräume makroskopisch mit der Körperoberfläche zusammenfallen „verschmiert" unsere makroskopische Wahrnehmung des gravitativen Wellenraums. Erst der Blick in den Kosmos lässt uns erkennen, dass jeder Körper einen eigenen, ihm zugehörigen Raum besitzt.

Das die Himmelskörper jedoch nichts anderes als eine gigantische Vergrößerung der Struktur der Elementarteilchen darstellen, dass die im großen erkennbare aber kaum fassbare Einheit von Raum und Körper nur ein Abbild der Einheit von Welle und Teilchen ist, diesem Gedanke verweigern wir uns, nicht weil wir uns die Einheit von Welle und Teilchen, sondern weil wir uns die Größe des konsequenterweise daraus folgenden Raumfeldes, nicht vorzustellen wagen.

So erfolgte die Eliminierung des *physikalischen* Feldes aus der Relativitätstheorie auch aus Mutlosigkeit, sich ein universelles Raumfeld zu denken. Doch letztlich entkam die Theorie den physikalischen Tatsachen nicht, sondern verkleidete das physikalische Feld als Geometrie. Das Kraftfeld wurde auf eine mathematische Formel reduziert. Seine universelle Größe schien so gebannt. Der Natur ist es gleichgültig, ob wir ihre Größe erkennen und beim Namen nennen.

Im vorliegenden Buch wurde im ersten Schritt nichts weiter getan, als die von EINSTEIN eingeschmuggelten Findelkinder (LORENTZtransformation und Tensorgeometrie, siehe Kapitel 8) als Spiegelbilder ein und desselben Phänomens zu benennen, als zwei Gesichter des allgegenwärtigen Gravitationsfeldes. Dieses Feld, das den subatomaren wie kosmischen Raum bildet, hat seinen Ursprung in einem Massepunkt.

Dieser kann theoretisch kleiner als ein Elektron oder so unvorstellbar gigantisch wie die kosmische Zentralmasse sein. Er bildet die Teilchenwelle wie auch die Raumcoupés in denen die Himmelskörper durchs All reisen. Raum und elementare Materiewelle sind Ausdruck *einer* Feldkraft. Damit lassen sich nicht nur beide Relativitätstheorien als zwei Seiten einer Medaille erkennen, sondern auch mikroskopische und makroskopische Welt einheitlich erklären.

Im zweiten Schritt wurde die Unvereinbarkeit der für die Körper geltenden Bewegungsgesetze der klassischen Mechanik mit den für Lichtquanten geltenden Bewegungsgesetzen der Elektrodynamik durch die Unvereinbarkeit von Masse und Energiequant bzw. Masse und Feld erklärt. Aus der unvereinbaren wie untrennbaren Gegensätzlichkeit der beiden elementaren Feldkräfte Gravitation und Magnetismus wurde schließlich die gesamte Dynamik des Universums hergeleitet.

Aus der Gegensätzlichkeit der beiden Feldkräfte, die in den Elementarteilchen jedoch als Einheit erscheinen, ergibt sich auch die gesamte, scheinbare Widersprüchlichkeit der Quantentheorie. Doch bei genauer Betrachtung erweisen sich die Paradoxa nur als Folge der Gegensätzlichkeit der elementaren Felder.

So ist unsere Unwissenheit über den Zustand von SCHRÖDINGERS Katze niemals das Problem der Katze. Nur weil wir nicht wissen, ob sie lebt oder an Blausäure gestorben ist, so existiert sie selbst doch stets in einem eindeutigen Zustand. Unsere Unfähigkeit, die Welt der Elementarteilchen berührungslos (also ohne Wechselwirkung mit ihnen) zu untersuchen, bedeutet nicht, dass die Elementarteilchen selbst nicht jederzeit einen konkreten Ort und einen genauen Bewegungsimpuls besäßen. Die HEISENBERGsche Unschärferelation besagt nicht, dass Ort und Impuls nicht gleichzeitig vorhanden, sondern nur, das sie nicht gleichzeitig messbar sind.

Dass ist jedoch nur der Tatsache geschuldet, dass wir keine Messinstrumente besitzen, mit denen wir Ort und Impuls eines Elementarteilchens messen können, ohne die Parameter des Teilchens dabei zu verändern. Wäre es uns z.B. nur möglich, die Geschwindigkeit eines Autos zu messen, indem wir dieses gegen eine Wand fahren lassen, um dann die Delle messen zu können, die es beim Dagegenfahren erzeugt hat, aus der wir schließlich die Geschwindigkeit berechnen, wäre klar, dass wir die Geschwindigkeit niemals messen können, ohne Bahn und Geschwindigkeit – also Ort und Impuls – des Autos zu zerstören. Daraus zu schließen, dass Ort und Impuls des Autos nie eindeutig existieren, wäre absurd.

In der Welt der Elementarteilchen stehen uns nun genau nur solche groben Messverfahren zur Verfügung. Um über ein Teilchen eine Information zu erhalten, müssen wir eine direkte Interaktion des Teilchens mit einer Messeinrichtung derart provozieren, dass durch die Messung Weg und Impuls des Teilchens zwangsweise verloren gehen. Daraus schließen zu wollen, dass das Teilchen erst durch unsere Messung gezwungen wurde einen bestimmten Bewegungszustand anzunehmen, wäre vermessen. EINSTEIN hat Recht: Gott würfelt nicht.

24. Kapitel

Das Dilemma besteht jedoch darin, dass alles, was wir im mikroskopischen Bereich „messen", letztlich nur auf der *Interpretation von Signalen* aus dieser Welt beruht. So erklärte EINSTEIN dem jungen HEISENBERG:

> „Erst die Theorie, dass heißt, die Kenntnis der Naturgesetze, erlaubt es uns, aus dem sinnlichen Eindruck auf den zugrunde liegenden Vorgang zu schließen."[95]

Deutlich wird dies u.a. bei Interpretation des „Massedefektes". Erst wenn wir erkennen, das wir nur über Vermittlung von Feldkräften von der Existenz einer Masse erfahren und niemals direkt mit ihr interagieren können, kann „Masseänderung" als Gewichtsänderung infolge Feldkraftänderung erfasst werden.

Das wir über den Urgrund der Materie, die Masse nur relative Aussagen treffen können, macht das gesamte Dilemma der Physik deutlich. Die scheinbare Unbestimmtheit der Elementarteilchen ist Folge der Unwissenheit, die wir schon über den Zustand nur eines der beiden interagierenden Felder haben. Die Schwierigkeit etwas über die Feldzustände zu erfahren, liegt darin begründet, dass sich die Elementarfelder in ihrer Wirkung gegenseitig aufzuheben vermögen. Gerade das ermöglicht es jedoch die Größen der komplimentären Feldkomponenten zu ermitteln, denn die Erhöhung einer Feldenergie bedeutet stets eine entsprechende Reduzierung der anderen.

Wir müssen uns bewusst machen, dass bei subatomarer Betrachtung, makroskopisch kompakt erscheinende Raumstrukturen in antagonistische Einzelfelder zerfallen. So wie eine perfekt polierte Oberfläche bei mikroskopischer Betrachtung als Gebirge erscheint, zerfällt die makroskopische Gesamtfeldstruktur der Materie auf subatomarer Ebene in Elementarfelder, die sich gegenseitig in scheinbar verwirrende Schwingung versetzen – die uns als Strings erscheinen. Jedes Proton, jedes Elektron besitzt bereits ein Doppelfeld. All diese Felder treten im Innern eines Atoms in Wechselwirkung, ohne sich ineinander aufzulösen.

Die mathematische Vieldimensionalität der subatomaren Welt ist folglich der Tatsache geschuldet, dass diese Welt mit wachsender „Bildauflösung" in immer mehr einzelne Kraftfelder zerfällt, die alle durch eigene Matrizen beschrieben werden müssen. Die Dimensionen der Stringtheorien sind physikalisch reale Vektoren konkreter Feldkräfte. Im Innern des Atoms findet sich kein eingerolltes Paralleluniversum, sondern ein fraktales Abbild des Makrokosmos.

So deterministisch der Mikrokosmos letztlich ist, so „unbestimmt" ist der Makrokosmos. Die quantenmechanische Relativität unserer Welt zeigt sich bei einem Blick in den Spiegel. Das Bild das wir dort sehen, hängt so offensichtlich von unserem Blick ab, dass wir uns fragen müssen, ob es durch diesen Blick erst entsteht. Woher wissen die Photonen, wann sie welches Bild in Szene zu setzen haben? Wieso haben wir als Beobachter so einen Einfluss auf die beobachtete Erscheinung? Ist das Bild am Ende gar nicht da, wenn wir nicht hinsehen?

Wir müssen erkennen, dass das Spiegelbild als solches viel komplexer ist, als der konkrete Ausschnitt, den wir durch eine bestimmte Haltung unseres Kopfes davon wahrnehmen. Der Spiegel sendet, sobald Licht auf ihn fällt, ein Wellenmuster in den Raum, in dem die gesamte unendliche Vielfalt aller nur möglichen Spiegelbilder enthalten ist. Unser Blick greift aus der unendlichen Fülle möglicher Bilder einen Bildausschnitt *aus dem Raum* heraus. Das Bild, das wir im Spiegel sehen, ist somit das vom Spiegel an einen bestimmten Raumpunkt gesandte Bild. Das Spiegelbild wird so zum Sinnbild des Kosmos, der sich in seiner Vierdimensionalität an jedem Raumpunkt anders zeigt, somit als *ein* Raum unendlich viele Gesichter besitzt.

Alles was wir makroskopisch wie mikroskopisch erfassen können, sind subjektive Erscheinungsformen eines objektiven Wesens. Die Welt bleibt uns *in ihrer Gesamtheit* genauso unerkennbar, wie es uns durch keine Haltung des Kopfes gelingt das gesamte Spiegelbild auf einmal zu erfassen. Doch je mehr Erscheinungsformen des Ganzen wir wahrnehmen können, desto eher können wir daraus das eigentliche Wesen erschließen. Erkenntnis bleibt so immer das Wechselspiel zwischen Beobachtung und Interpretation.

25. Weltharmonik
Erkenntnis ist das Ersetzen einer Näherung durch eine bessere

> Ich mag unrecht haben und du magst recht haben; und wenn wir uns bemühen, dann können wir zusammen vielleicht der Wahrheit etwas näher kommen.
>
> Karl Raimund Popper[96]

> O Du, der Du durch das Licht der Natur das Verlangen in uns mehrest nach dem Licht Deiner Gnade, um uns durch dieses zum Licht Deiner Herrlichkeit zu geleiten, ich sage Dir Dank Schöpfer, Gott, weil Du mir Freude gegeben hast an dem, was Du gemacht hast, und ich frohlocke über die Werke deiner Hände. Siehe, ich habe jetzt das Werk vollendet, zu dem ich berufen ward. Ich habe dabei alle die Kräfte meines Geistes genutzt, die Du mir verliehen hast. Ich habe die Herrlichkeit deiner Werke den Menschen, die meine Ausführungen lesen werden, geoffenbart, soviel von ihrem unendlichen Reichtum mein enger Verstand hat erfassen können.
>
> Johannes Kepler [97]

Der geniale Einfall EINSTEINS bestand darin, infolge der Fehlinterpretation der Ätherwind-Experimente, einer Fehlinterpretation, die damals eine allgemeine war, den Äther seiner physikalischen Eigenschaften zu berauben, nur um sie ihm mathematisch wiederzugeben. So führte EINSTEIN quasi durch die Hintertür der Mathematik das Gravitationsfeld als allgegenwärtige Struktur in die Theorie von Raum, Zeit und Masse ein. Zwar hieß es nicht Gravitationsfeld, zwar wurde der Begriff Kraft durch Wirkung ersetzt, aber physikalisch gesehen ist das, was als Tensor, Vektor oder Matrize daherkommt, die mathematische Beschreibung eines Kraftfeldes. Gerade deshalb bewähren sich beide Relativitätstheorien in der Praxis stets neu. Aus dem physikalischen Irrtum erwuchs so eine geniale mathematische Lösung.

Woran es fehlte, war die physikalische Vorstellung des mathematisch beschriebenen *und physikalisch gemessenen* Feldes. Woran es bis heute fehlt, ist eine Vorstellung davon, was ein Feld ist. An dieser Aufgabe scheitert auch dieses Buch. Der hier unternommene Versuch, die Wechselwirkungen der beiden Elementarfelder zu beschreiben, kann letztlich nicht darüber hinwegtäuschen, dass eine berührungslose Übertragung von Kräften ohne Überträgerteilchen nicht wirklich vorstellbar ist.

Der Gedanke, dass der gesamte universelle Raum möglicherweise nur ein einziges gigantisches Gravitationsfeld ist, bleibt ungeheuerlich, mögen noch so viele physikalische Gründe dafür sprechen. Der Mut zu dieser Annahme erwuchs aus der mathematischen Funktionstüchtigkeit der Relativitätstheorien wie aus dem Erfolg all jener, die es wagten die vermeintlich unumstößlichen Wahrheiten ihrer Zeit in Frage zu stellen, um zu neuen Erkenntnissen zu gelangen.

Von der Grundannahme, der Allgegenwart von Gravitationsfeldern ausgehend, wurde hier, rein logisch vorgehend, ein Bild von Materie und Universum gezeichnet, das in der Lage scheint, bestehende Widersprüche gegenwärtiger Theorien aufzulösen und die physikalischen Teilgebiete zu einer Gesamttheorie insofern zu vereinen, als alle physikalischen Erscheinungen als Wechselwirkungen zweier Elementarfelder betrachtet werden können. Die einzelnen Gebiete der Physik lassen sich unter dem Blickwinkel einer Zwei-Felder-Theorie als Spezialfälle einer umfassenden Feldtheorie erkennen. Während die klassische Mechanik sich mit der Interaktion offener wie geschlossener Gravitationsfelder befasst, die Thermodynamik die komplexe Feldstruktur der Atomhüllen zu fassen versucht, die Elektrodynamik die Bewegung magnetischer Felder durch Gravitationsfelder beschreibt und die Relativitätstheorie, sowohl die Interaktion zwischen Gravitationsfeldern, als auch zwischen Gravitationsfeld und magnetischem Feld in einer Theorie fasst, sehen sich Quanten- und Stringtheorien der gesamten Komplexität der Überlagerung einer Vielzahl elementarer Felder im subatomaren Bereich gegenüber.

Wenn Planck sagt: „Im allgemeinen sind die Gesetze der Materiewellen grundverschieden von denen der klassischen Mechanik materieller Punkte,"[98] dann nur, weil bei den Materiewellen der Elementarteilchen der Doppelfeldcharakter infolge Überlagerungen elementarer Gravitationsfelder mit den, von den Hüllenphotonen erzeugten Magnetfeldern gravierenden Einfluss auf die Wahrnehmung von Masse hat. Absorption und Emission von Photonen rufen im Mikrokosmos der Elementarteilchen messbare Gewichtsänderungen hervor. Wären diese Gewichtsänderungen auch makroskopisch messbar, wäre es nie zum Satz von der Erhaltung der Masse gekommen. Er erweist sich in seiner relativistischen Form als absolut gültig.

Masse ist absolut unveränderlich, aber nur relativ als Gewicht wahrnehmbar. Die Erkenntnisse Newtons und Einsteins finden hier ihre Synthese.

Anhang
Eddingtons Rechenbeispiel zum Michelson-Morley-Experiment

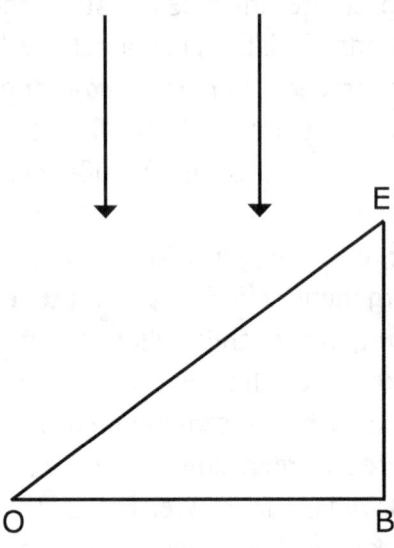

Schwimmt man länger 100 m stromaufwärts und zurück oder 100 m quer durch den Strom und zurück? Nehmen wir ein Zahlenbeispiel. Der Schwimmer möge in ruhendem Wasser 50 m in der Minute zurücklegen; Die Geschwindigkeit der Strömung sei 30 m in der Minute. Somit beträgt die Geschwindigkeit des Schwimmers gegen den Strom 20 m und mit dem Strom 80 m in der Minute. Für den Hinweg braucht er also 5 Minuten und für den Zurückweg 1 ¼ Minuten. Macht zusammen: 6 ¼ Minuten. Beim Querschwimmen muß der Schwimmer auf eine Stelle E zuhalten, die so weit oberhalb des Zieles B liegt, daß OE der von ihm in ruhendem Wasser zurückgelegte Weg und EB die Abdrift darstellt. Beide Strecken stehen im Verhältnis 50:30, und aus dem rechtwinkligen Dreieck OBE ersieht man, daß OB dann 40 entspricht. Da OB gleich 100 m ist, so finden wir für OE 125 m, wozu der Schwimmer 2 ½ Minuten braucht. Weitere 2 ½ Minuten werden für die Rückreise benötigt. Macht zusammen: 5 Minuten. In ruhendem Wasser hätte die Gesamtzeit 4 Minuten betragen. Mithin dauert das Auf- und Abwärtsschwimmen im Verhältnis 6 ¼ : 5 länger als das Querschwimmen.

Eddington (1923), S. 18-19

Anmerkungen

[1] Russell (1997), S. 61

[2] Popper (1966), S. 65

[3] Kepler (1997), S. 347

[4] Russell (1989), S. 123

[5] Zitiert nach: Eddington (1923), S. 96

[6] Schlußvers des Gedichts, das Eddington während seiner Expedition zur Beobachtung der Sonnenfinsternis 1919 schrieb, jener Expedition durch deren Ergebnisse die Einsteinsche Theorie bestätigt wurde. Zitiert nach: Aczel (2002), S. 159

[7] Born (2003), S. 73

[8] Zitiert nach: Schröder (2001), S. 39-40

[9] Walther (1999), S. 53

[10] Eddington (1923), S. 19

[11] Eddington (1923), S. 20

[12] Born (2003), S. 194

[13] Russell (1989), S. 68

[14] Eddington (1923), S. 18-19

[15] Einstein (2002), S. 31, [Hervorhebung d.A.]; ebenso: Born (2003), S. 200

[16] Eddington (1925), S. 25

[17] Born (2003), S. 194

[18] Pauli (2000), S. 19

[19] Die Grinsekatze ist eine Erfindung Carrolls in „Alice im Wunderland", siehe Eingangszitat Kapitel 7 und Anmerkung 29.

[20] Brockhaus Physik (1972)

[21] Einstein (1972), S. 143

[22] Einstein (1920), S. 8/9

[23] Ebenda, S. 8

[24] Ebenda, S. 10

[25] Ebenda, S. 11

[26] Ebenda, S. 11

[27] Ebenda, S. 12

[28] Ebenda, S. 12

[29] Carroll (1987), S. 61

[30] Agnotos (2000), S. 13

Anmerkungen

[31] Prof. F.W. Hehl: „Die Physik fragt nicht, warum etwas so ist, wie es ist, dies interessiere in der Physik nicht, da müsse man sich an die Philosophie wenden." Zitiert nach: Ziefle (2002), S. 20
[32] Russell (1997), S. 56
[33] Eddington (1923), S. 23
[34] Siehe hierzu u.a.: Russell (1989), S. 100 f.
[35] Einstein (1918). Zitiert nach: Schröder (2001), S. 44
[36] Minkowski (1911), S. 431
[37] Ebenda, S. 432
[38] Ebenda, S. 434
[39] Siehe auch: Aczel (2002), S. 60 ff.
[40] Thünen (1990), S. 287
[41] Schröder (2001), S. 35
[42] Hawking (1997), S. 48
[43] Eddington (1923), S. 24
[44] Eddington (1925), S. 52
[45] Eddington (1925), S. 52
[46] Einstein (2002), S. 58-59
[47] Einstein (1972), S. 146
[48] Leibnitz (1966), S. 24
[49] Newton (1872), S. 392
[50] Eötvös (1953), S. 309
[51] Siehe Anmerkung 63
[52] Hawking (1997), S. 95
[53] Herrmann (2004), S. 77
[54] Eddington (1925), S. 177
[55] Vgl. u.a. Pauli (2000), S. 179: "Die Gravitation ist in der Einsteinschen Theorie genau so eine Scheinkraft wie die Coriolis- und Zentrifugalkraft in der Newtonschen Theorie. (Man kann die Sache allerdings mit dem gleichen Recht auch so auffassen, daß in der Einsteinschen Theorie keine von beiden Kräften als Scheinkraft zu bezeichnen ist.)"
[56] Einstein (2002), S. 58
[57] Newton (1872), S. 530
[58] Kant (1979), S. 96
[59] Born (2003), S. 52
[60] Einstein (2002), S. 128
[61] Born (2003), S. 100

[62] Popper (1966), S. 65
[63] Newton (1872), S. 380
[64] Einstein (1956)
[65] Kant (1979), S. 95
[66] Vgl. Lübke (1977)
[67] Russell (1989), S. 16
[68] Einstein (2002), S. 31
[69] Fischer (1991), S. 8
[70] Vgl. Borgeest (2001), S. 63
[71] Einstein (2002), S. 138
[72] Schönbeck (2003), S. 325
[73] Born (2003), S. 60
[74] Wiechert (1922), S. 28
[75] MPIA (2003): Walcher, J.; Häring, N.; Prieto, A.; Meisenheimer, K. et al.: Die geheimnisvollen Zentren der Galaxien. S. 72-77
[76] Siehe u.a. Born (2003), S. 406 f.
[77] MPIA (2002): Odenkirchen, Michael; Grebel, Eva K.; Dehnen, Walter; Koch, Andreas; Rix, Hans-Walter: Palomar 5 – Prototyp zerfallender Kugelsternhaufen. S. 22
[78] Zitiert nach: Eddington (1923), S. 18
[79] Eddington (1958), S. 54
[80] Vgl. Born (2003), S. 326 ff.
[81] Ingold (2002), S. 32
[82] Einstein (1956)
[83] Heisenberg (1978), S. 12
[84] Smolin (1999), S. 53
[85] Eddington (1958), S. 91-92
[86] Herrmann (2004), S. 48
[87] Eddington (1958), S. 38
[88] Pauli (2000), S. 184
[89] Frecks (2001), S. 149 sowie 176
[90] Frecks (2001), S. 176
[91] Planck (1952a), S. 9
[92] Born (2003), S. 46/47
[93] Zitiert nach: Heisenberg (1986), S. 222
[94] Schrödinger (1935), S. 812

Anmerkungen

[95] Zitiert nach: Heisenberg (1978), S. XI
[96] Zitiert nach: www.philolex.de/dogmatis.htm
[97] Kepler (1997), S. 350
[98] Planck (1952b), S. 13

Literaturverzeichnis

Aczel, Amir D. (2002): Die göttliche Formel. Von der Ausdehnung des Universums. Rowohlt – Reinbek bei Hamburg

Agnotos, Andreas (2000): Grundzüge einer neuen möglichen allumfassenden Theorie. Mathematisch-physikalische Analyse: Wahrscheinlichkeitsparadoxon der Existenz und seine logisch konsequente Lösung. Resultierende vereinfachende Neu-Interpretation der Quantenmechanik und neue hypothetische Lösung des Geist-Körper-Problems. 3. Aufl., Univ.-Verl. – Bochum

Borgeest, Ulf (2001): Einsteins Allgemeine Theorie der Relativität. In: Sterne und Weltraum. Spezial 6: Gravitation, Urkraft des Kosmos. Max-Planck-Institut für Astronomie – Heidelberg: Mai 2001, S. 63-69

Born, Max (2003): Die Relativitätstheorie Einsteins. 6. Aufl., Springer – Berlin et al.

Briggs, John, Peat, David F. (1993): Die Entdeckung des Chaos. Eine Reise durch die Chaostheorie. dtv – München

Brockhaus Physik (1972): Brockhaus – Leipzig

Carroll, Lewis (1987): Alice im Wunderland. Alice im Spiegelland. Reclam – Leipzig

Eddington, Arthur Stanley (1923): Raum, Zeit und Schwere. Ein Umriß der allgemeinen Relativitätstheorie. Vieweg – Braunschweig

Eddington, Arthur Stanley (1925): Relativitätstheorie in mathematischer Behandlung. Springer – Berlin

Eddington, Arthur Stanley (1958): Sterne und Atome. Vandenhoeck & Ruprecht – Göttingen

Einstein, Albert (1920): Äther und Relativitäts-Theorie. Rede, gehalten am 5. Mai 1920 an der Reichs-Universität zu Leiden. Springer – Berlin

Einstein, Albert (1972): Mein Weltbild. Hrsg.: Seelig, Carl. Ullstein – Frankfurt a.M. et al

Einstein, Albert (2002): Grundzüge der Relativitätstheorie. 6. Aufl., Springer – Berlin, Heidelberg

Eötvös, Roland (1953): Gesammelte Arbeiten. Akadémiai Kiado – Budapest

Fischer, Bernd (1991): Eigenschaften von Atomuhren und ihre Verwendung bei der Zeitskalenherstellung. PTB-Bericht Opt-35 – Braunschweig

Frecks, Jan (2001): Die Forschungspraxis Hippolyte Fizeaus. Eine Charakterisierung ausgehend von der Replikation seines Ätherwindexperiments von 1852. Wissenschaft und Technik – Berlin

Hawking, Stephen (1997): Eine kurze Geschichte der Zeit. Die Suche nach der Urkraft des Universums. Rowohlt – Reinbek bei Hamburg

Heisenberg, Werner (1978): Physik und Philosophie. Mit einem Beitrag von Günther Rasche und Bartel L. van der Waerden. Hirzel – Stuttgart: 3. Aufl.

Literaturverzeichnis

Heisenberg, Werner (1986): Der Teil und das Ganze. Gespräche im Umkreis der Atomphysik. Piper – München, Zürich: 6. Aufl.

Herrmann, Dieter B. (2004): Antimaterie. Auf der Suche nach der Gegenwelt. Beck – München: 2. aktualisierte Aufl.

Ingold, Gert-Ludwig (2002): Quantentheorie. Grundlagen der modernen Physik. Beck – München

Kant, Immanuel (1979): Kritik der reinen Vernunft. Reclam – Leipzig

Kepler, Johannes (1997): Weltharmonik. Übersetzt und eingeleitet von Max Caspar. Oldenbourg – München

Leibnitz, Gottfried Wilhelm (1966): Fünf Schriften zur Logik und Metaphysik. Reclam – Stuttgart

Lorentz, H. A. et al (1922): Das Relativitätsprinzip. Eine Sammlung von Abhandlungen. Teuber – Leipzig, Berlin

Lübke, Anton (1977): Das große Uhrenbuch. Von der Sonnenuhr zur Atomuhr. Wasmuth – Tübingen

Minkowski, Hermann; Hilbert, David (Hrsg.) (1911): Gesammelte Abhandlungen. Bd. 2. Teuber – Leipzig, Berlin

MPIA (2002): Max-Planck-Institut für Astronomie Heidelberg-Königstuhl. Jahresbericht 2002. Heidelberg

MPIA (2003): Max-Planck-Institut für Astronomie Heidelberg-Königstuhl. Jahresbericht 2003. Heidelberg

Newton, Isaac (1872): Mathematische Principien der Naturlehre. Mit Bemerkungen und Erläuterungen des Herausgebers Jakob Philipp Wolfers. Oppenheim – Berlin

Pauli, Wolfgang (2000): Relativitätstheorie. Springer – Berlin et al.

Planck, Max (1952a): Das Weltbild der neuen Physik. Barth – Leipzig: 11. unveränd. Aufl.

Planck, Max (1952b): Der Kausalbegriff in der Physik. Barth – Leipzig: 5. unveränd. Aufl.

Popper, Karl R. (1966): Logik der Forschung. 2. erw. Aufl. Mohr – Tübingen

Russell, Bertrand (1989): Das ABC der Relativitätstheorie. Neu herausgegeben von Felix Pirani. Ungekürzte Übertragung der 3. engl. Aufl., Fischer – Frankfurt a.M.

Russell, Bertrand (1997): Philosophie des Abendlandes. Ihr Zusammenhang mit der politischen und der sozialen Entwicklung. 7. Auflg., Europaverlag – München, Wien

Sanders, H. J.(1970): Die Lichtgeschwindigkeit. Einführung und Originaltexte. Akademie – Berlin, Pergamon Press – Oxford, Vieweg – Braunschweig

Schönbeck, Charlotte (Hrsg.) (2003): Lenard, Philipp. Wissenschaftliche Abhandlungen. Band 4. Elektrische und optische Sonderuntersuchungen. Abhandlungen über Äther, Energie und Gravitation. Diepholz – Berlin

Schröder, Wilfried (Hrsg.) (2001): Über den Äther in der Physik (Bemerkungen zur Diskussion zwischen Albert Einstein, Gustav Mie und Emil Wiechert). Science Edition – Bremen-Rönnebeck,

Potsdam: 2001

Schrödinger, Erwin (1935): Die gegenwärtige Situation in der Quantenmechanik. In: Die Naturwissenschaften. Springer — Berlin, Heidelberg et al: Jg. 23, Nr. 48, S. 807-812

Smolin, Lee (1999): Warum gibt es die Welt? Die Evolution des Kosmos. Beck — München

Thünen, Johann Heinrich von (1990): Der isolierte Staat in Beziehung auf Landwirtschaft und Nationalökonomie. Akademie-Verlag — Berlin

Walther, Thomas; Walther, Herbert (1999): Was ist Licht? Von der klassischen Optik zur Quantenoptik. Beck — München

Wiechert, Emil (1922): Prinzipielles über Äther und Relativität. Physikalische Zeitschrift XXIII

Ziefle, Reiner Georg (2002): Die spezielle und allgemeine Relativitätstheorie Albert Einsteins. Eine kritische Analyse. Frieling — Berlin

Personen- und Sachregister

A

Absorption 99-101, 103f., 107, 110-113, 118, 127, 130, 136, 143
AGNOTOS 36
Akkretionsscheibe 134
Andromeda 41, 127
Ankerrad 77, 80
Antimaterie 113
Anziehungskraft, siehe auch Gravitation 16, 18, 56, 59f., 65, 67, 69, 74, 83, 85f., 88-91, 93, 95, 133, 135
Aphel 89
Äquator 73-75, 133-136
ARISTOTELES 19
Astronomie 15, 25, 44, 68, 130
Äther 19, 21, 24, 26f., 29, 31-35, 38f., 48, 51, 66-68
Ätherwind 22, 24f., 27-29, 73, 85, 142
Atmosphäre 100, 111
Atom 96, 98, 103-105, 107-112, 115f., 118, 120, 126, 135, 137, 140, 143
Atomuhr 80-83, 85, 126f.
Ausbreitungsmedium, siehe auch Gravitationsfeld 34, 36, 38
Außenschale, siehe auch Schale 109
Auto 31, 49f., 123f., 139

B

Bahnstörung 91
Ballistik 97
Bewegung
    geradlinige 87
    gleichförmige 86
    raumgetriebene 83, 86
Bildinformation 109
Billardkugel 20
Blasenraum, siehe Raumblase
Blasenstruktur 92, 94
BORN 30, 68, 88, 129
Brechungswinkel 124
Brennstoffrückstand 122
BROWNsche Molekularbewegung, siehe Molekularbewegung

C

CARROLL 31, 36
Coupé 25, 74, 85, 138

D

DESCARTES 96
Doppelspaltversuch 99
DOPPLEReffekt 123f., 127f.
Drehimpuls 108, 111, 113, 133
Drehwaage 56, 58, 63, 72, 75, 83
Dreieckstheorem 43
Dunkle Materie 92

E

EDDINGTON 16, 22, 28, 38, 52, 63, 96, 115, 123, 144
Eigenfrequenz, siehe auch Frequenz 78
Eigenrotation 25, 73, 75, 81, 93
Eisen 20, 66, 104, 106, 121
Elektrizität 20, 106, 115
Elektrodynamik 36, 46, 70, 96, 101, 139, 143
Elektromagnetismus 20, 64

Elektron 70, 78, 80, 96-98, 108-110, 113, 130, 137, 140
Elektrotechnik 20
Elementarfeld 104, 140, 143
Elementarteilchen 65f., 97, 99-101, 104, 107, 110, 113, 118, 122, 132, 135f., 138-140, 143
Ellipsoid 43
Emission 99, 101-103, 109-114, 118, 136, 143
Energieerhaltungssatz 112
Energiemenge 114
Energieniveau 81, 117
Energiequant, siehe Photon
Energievorrat 123
EÖTVÖS 53, 56f., 63, 72, 83
Erdbeschleunigung 84
Erde 24-29, 42, 44, 48, 52, 56, 58-60, 66, 68, 73-75, 81, 85, 91, 93f., 100, 105, 121, 123, 129, 142
Erdgeodäte, siehe Geodäte
Erd-Mond-Raum, siehe auch Erdraum 92-94
Erdoberfläche, siehe auch Kugeloberfläche 25f., 33, 59, 73, 75f., 86, 105
Erdraum, siehe auch Erd-Mond-Raum 74, 85, 94, 100
Erdrotation 26, 73, 75, 81, 85
Ereignis 77-79
EUKLID 15
EUKLIDische Geometrie 43-45
EULER 137

F

Fallbeschleunigung 58f., 61, 71, 85

Feld
  Elementarfeld 104, 139f., 143
  Feldachse 109, 116f.
  Feldänderung 75, 78, 81, 82
  Feldenergie 101, 112, 115, 136, 140
  Feldgleichung 9, 35, 63
  Feldkraft 9, 20, 34, 64-66, 73, 83, 104-107, 111, 119, 133, 136, 138-140
  Feldlinie 90f., 94
  Feldriss 103
  Feldstärke 78, 82, 85, 91, 103, 112, 117, 125f., 128
  Feldstruktur 64, 67, 89-91, 98, 105-107, 110f., 138, 143
  Feldtheorie 9, 15, 31, 54, 83, 143
  Gravitationsfeld 15-17, 39, 53, 57f., 60, 63-70, 72-74, 78, 81-85, 90, 95, 100, 103-113, 115f., 119-121, 125-128, 130, 132, 135f., 138, 142f.
  Kraftfeld 20, 35, 37, 46f., 52f., 66, 89, 105, 138, 140, 142
  Magnetfeld 20-22, 33, 38, 64, 66-68, 90, 98, 100, 104-107, 110f., 126, 130, 134, 143
  Nichtfeld 103f., 106
  Photonenfeld 102-104, 106f., 109, 111f., 115f., 119, 121, 127f., 136
  Raumfeld 64, 67, 68, 74, 83f., 90, 94f., 104, 106, 1340, 135, 138
Fernwirkung 34, 64f.
FIZEAU 124-126
Fluchtenergie 133
Fluchtgeschwindigkeit 59, 83f., 134
Fluchtimpuls 116, 131
Flugzeug 50, 81-84

FOUCAULTsches Pendel 74
FRANKLIN 107
Frequenz 21, 78, 80f., 99, 103, 108, 111, 119, 126f.

G

Galaxie 25, 29, 41, 91-94, 127, 134f.
GALILEIsche Koordinaten 30, 43, 45, 56, 59, 129
Gammastrahlen 21, 110, 122, 132
Geodäsie 63
Geodäte 89, 91, 93, 117, 133, 135
Geometrie 15, 17, 34-38, 40, 43-48, 52, 64, 66-67, 138
Geschwindigkeitseffekt 79, 81
Gewicht 15, 55, 57-60, 68-70, 72, 80, 83, 86, 97, 111-114, 117, 140, 143
Gewichtsverlust, siehe auch Massedefekt 58
Gezeiten 93
Gravitation, siehe unter Feld
Gravitationsäther 34, 38, 68
Gravitationsdichtewechsel 117
Gravitationsdruck 118
Gravitationseffekt 79, 81
Gravitationsenergie 114, 119
Gravitationsfeld, siehe unter Feld
Gravitationsgesetz 56
Gravitationskollaps, siehe auch Massenkollaps 114, 116, 119f., 135
Gravitationskonstante 56
Gravitationsraum, siehe auch Raumfeld, unter Feld 65, 94, 100, 106, 132
Gravitationsstrudel 134
Gravitationstheorie 126
Graviton 64

Großkreis, siehe auch Geodäte 73

H

HAFELE 82
Hauptgruppe, erste 80, 109
HAWKING 63
HEISENBERG 103, 139f.
Helium 108, 115, 120
HERRMANN 63
HERTZ 22
Himmelskörper 20, 32-34, 38, 40, 42, 46, 52, 58, 65f., 68f., 73, 82, 86, 88, 91, 94, 100, 103, 105, 116, 138
Himmelsmechanik 13, 35, 88, 129
Hintergrundstrahlung 79, 128, 136
HUBBEL 136
Hüllenrotation 113
HUYGENS 19, 38

I

Impuls 20, 65, 69-71, 77f., 81, 85, 89, 91, 95, 97, 105, 111, 114, 116f., 122, 130, 133, 139
Inertialsystem 50f., 81, 88
Interferometer 22f., 25, 125

J

Jet (Plasmastrahl) 134
JEWELL 123
Jupitermonde 27f.

K

KANT 67, 76
Kausalität 13f., 37, 39, 72
KEARING 81f.

KEPLER 13, 129, 142
Kernfusion 119
Kernspaltung 99
Kernspin 113f.
Komet 122
Kometenschweif 130
Konstanz der Lichtgeschwindigkeit 13, 27, 29f., 48, 50, 53, 96, 101, 103, 124
Kontraktion
    Kontraktionskraft 94, 130
    Längenkontraktion 95, 119, 121, 133
    Massenkontraktion 95, 119, 121, 133
    Raumkontraktion 128f., 131f., 136
Koordinatensystem 40, 43-46, 52f., 88
Körperraum 85, 100, 104
Kosmologie 15, 92, 116, 130
Kreisbahn, siehe auch Großkreis 28, 117
Kugelkoordinaten 45
Kugeloberfläche 46
Kugelsternhaufen 93, 133-135

L

Ladungszustand 107
Längenkontraktion, siehe unter Kontraktion
Laufzeitunterschied 23f., 28f., 49, 82
LEIBNITZ 55
Licht 15-20, 23f., 27-30, 39, 41f., 48-50, 66, 80, 96-103, 109f., 116-119, 122-126, 131f., 136f., 141f.
Lichtablenkung 15-18, 66, 116
Lichtäther 18-22, 24, 31-33, 35f., 38, 65f., 124
Lichtgeschwindigkeit, siehe auch Konstanz d. L. 13, 24, 27-32, 34, 36, 48-50, 53, 64, 96f., 99, 103, 123f., 126

Lichtquant, siehe Photon
Lichtquelle 23, 29f., 68, 97
Lichtjahr 41, 131
Lichtspalt 122
Lichtwall 128, 133, 135f.
LORENTZ 48, 84
LORENTZtransformation 35, 46, 138
Luft 19, 21, 26, 31, 35f., 70, 102, 116, 124-126
    Sphäre 19, 26
    Widerstand 56

M

MACH 34f., 74
Magnetfeld, siehe unter Feld
Magnetismus 20, 66, 114, 136, 139
Magneton 64
Magnetosphäre 100
Massedefekt, siehe auch Gewichtsverlust 111f., 140
Masseentstehung 113
Massenkollaps, siehe auch Gravitationskollaps 121
Massenzunahme, siehe auch Massedefekt 83
Massepunkt 67, 83, 89f., 94, 102, 104f., 110, 112, 114, 116-118, 121, 128, 135, 138
Massesystem 33f., 50, 110
Masseteilchen 18, 65f., 96-99, 106f., 109, 113f., 118-120, 127, 130, 132, 135, 138
Massezentrum 93, 117, 130, 132, 134
Materie 15, 17, 19f., 33, 37, 39, 55-58, 65, 68, 78, 80, 88, 92, 98-100, 102f., 105, 107, 111, 115, 118-121, 131, 133-138, 140, 143
Materiestrudel 121, 133

Materiewolke	119f., 133f.
Mathematik	37-40, 43, 46, 52, 142
Matrize	63, 91, 140, 142
MAXWELL	22, 69
Merkur	17, 39
Meson	96
Metallizität	120
Meteorit	117
MICHELSON	22-24, 27-29, 31, 35, 74, 124, 144
Milchstraße	28, 41, 91, 94
MINKOWSKI	34, 40, 42, 46, 48, 83
Molekularbewegung, BROWNsche	9, 69, 104
Mond (Erdmond)	57-60, 68, 74, 76, 90, 93f., 102, 112, 121
MORLEY	22-24, 27-29, 31, 35, 74, 144

N

Nachthimmel	117
Nahwirkung	32, 34, 64f., 67
Neutronenstern	116f., 122
NEWTON	16f., 19, 34, 37-39, 48, 55f., 58, 60, 63, 65, 67-70, 72, 79, 82, 89, 143
NOBELpreis	9, 13, 23, 130

P

Paarbildung	113
PARACELSUS	19
PAULI	30, 123
Perihel	39, 89
Photoeffekt	8, 132
Photon	17f., 22, 30, 66, 79, 81, 96-122, 126-128, 130-136, 139, 141, 143
Hüllenphoton (Ringphoton)	101f., 107, 109-111, 114, 119, 136, 143
Photonenfeld, siehe unter Feld	
Photonenhülle	107-109, 112-114, 120, 122, 135f.
Ringphoton (Hüllenphoton)	109, 117
Photonenbeschuss	98, 107, 116
Photonenenergie	110, 114, 119
Photonensphäre	117
Photonenstrahl	101, 112-114
PLANCK	14, 36, 103, 129, 143
Planet	25, 40, 43-47, 65, 68f., 85, 88-92, 94, 115, 119-121, 129, 135
Planetenbahn	40, 47
Planetensystem	25, 89, 91f., 94, 135
Plasma	98, 107, 132, 134f.
POPPER	8, 72, 142
Proton	97, 108, 112f., 140
Pulsar	117, 122

Q

Quantentheorie	14, 36, 139
Quasar	94, 134

R

Raum	9f., 13, 19f., 22, 26, 29f., 32-54, 60, 63-79, 81-86, 88-95, 98, 100-106, 110, 114-118, 124-143
Raumblase	92f., 129, 133
Raumdruck	60, 79, 84
Raumenergie	85
Raumfeld, siehe unter Feld	
Raumordnung	91, 93f., 135
Raumpunkt	83, 141
Raumspannung	64f., 69, 71, 89f.
Raumstrudel	133f.
Raumverdichtung	72f., 75, 85

Raumwiderstand	60, 68, 84
Rotation des Raumes	133
Raumfahrt	15
Raumschiff	44
Reaktionspartner	109
Relativbewegung	48, 70, 86, 123, 127
Relativgeschwindigkeit	24, 50
Relativitätstheorie	8-9, 13-19, 22, 27, 30, 32, 35-37, 39, 43, 46-49, 52-54, 63, 68, 72, 79-81, 83, 96, 123f., 128, 138, 142f.
RIEMANN	40, 42f., 45f.
Ringbahn	109f.
RÖNTGENstahlen	21, 110f., 116, 122, 132
Rotationsrichtung	73, 108
Rotverschiebung	122-124, 126-129-131
Ruhemasse	18, 97f.
RUSSELL	8f., 13, 27, 38, 80

S

Satellit	82-85, 94
Satz von der Erhaltung der Masse	61, 99, 101, 111, 143
Schale	80, 92, 98, 103, 109, 115, 119-121
Schalenmodell	117
Schall	20, 36, 123f.
Schallgeschwindigkeit	36, 123f.
Schallmedium	20
Scheinkraft	63, 85
Scheinwerfer	49f., 102
SCHRÖDINGER	18, 137, 139
Schwarzes Loch, siehe auch Totale Masse	101, 134
Schwarzschildradius	105
Schwingung	9, 20, 22, 68, 70, 75, 77, 98, 110, 126, 140

Schwingungsübertragung	110
Selbstinduktion	22, 70, 72, 74f.
selbstinduktive Bewegung	68-72, 74f., 81f., 84-86, 116, 127
Sender und Empfänger	102
Singularität	89, 104
SMOLIN	115
Sonne	16f., 23-28, 38, 40, 43f., 47, 52, 59f., 65, 68, 73, 77, 85, 90f., 93f., 100f., 111, 121-123, 130, 135f.
Sonnenfinsternis	17f.
Sonnenraum	65, 74, 90, 94
Sonnensystem	64, 90f.
Sonnenwind	100, 130
Spektralanalyse	119
Spektrum	123, 127
Stern	16-20, 37, 41, 93f. 114-123, 127f., 130-135
Sternentod	133
String	109, 140, 143
Strömungsgeschwindigkeit	125
Supernova	121f.

T

Taktgeber	77f., 80, 126
Teilchenbeschleuniger	97
Teilchenentstehung	113
Teilchenphysik	13, 99, 111, 128
Teilchenvernichtung	112
Temperatur	79, 103
Thermosphäre	100
THÜNEN	48
Totale Masse, siehe auch Schwarzes Loch	91f., 101, 117, 121f., 131, 134f.
Trabant	58f., 65, 88-91, 93f.

Personen- und Sachregister

Trägheitswiderstand	56-60, 86
Transmutation	116
Triebkraft	119

U

Übergangszone	120
Überträgerteilchen	38, 64f., 73, 143
Uhr, siehe auch Atomuhr	50f., 77-82, 126f., 131
Universum	9, 14f., 25, 27, 37, 41f., 44, 46, 92-95, 101, 105, 111, 116, 122f., 127-132, 135f., 139, 143
Urkraft, elementare Feldkraft	65
Urmasse, universelle Zentralmasse	132f., 135

V

Vakuum	22, 27, 29, 70
vierte Dimension	40-43, 46

W

WALTHER	22
Wärmestrahlung	109, 136
Wasserstoff	115, 121
Wasserwelle	19, 32
Welle	20-22, 32-34, 36, 38, 63, 65-67, 69, 81, 85, 95-100, 110, 123f., 126f., 138, 141
Wellenlänge	66, 99, 103, 108f., 111, 123, 126f.
Wellenmodulator	102
Wellenteilchen	65, 97, 99f., 105-107, 111, 114, 136, 138
Welle-Teilchen-Dualismus	65
Weltraumteleskop	136
Welttensor	63
WIECHERT	19, 48, 88
Wirbelbildung	125
Würfelplanet	44-46

Z

Zeit	9, 13, 19, 27, 29, 30, 34, 37, 40-43, 46-50, 60, 75-79, 82, 96, 129, 131, 133, 136, 142f.
Zeitdilatation	17, 48, 50f., 54, 60, 79, 81f.
Zeitdilatationsmessung	81, 126
Zeitschleife	5, 36, 47
Zentralgestirn, Zentralmasse, Zentralkörper	43, 47, 58f., 69, 88-91, 93f., 130-136, 138
Zerstrahlung	113
Zwei-Felder-Theorie	9, 61, 111f. 143
Zyklus	131, 136

Danksagung

Mein besonderer Dank gilt Herrn Dr. Hellmann für die kritische Durchsicht des Manuskripts. Ihm verdanke ich die Konkretisierung einiger hier enthaltener Thesen. Danken möchte ich auch meinen Freunden, für ihre Geduld meinen immer neuen Theorien immer wieder interessiert gelauscht zu haben. Sie haben als kritische Zuhörer und unentwegte Frager viel zur Verständlichkeit dieses Buches beigetragen.

Vor allem aber danke ich meiner Lebensgefährtin für Aufmunterung und Zuspruch und ihr anhaltendes Interesse an allen Fragen dieser Welt.